Hundeleben – Hundeglück

DR. THOMAS DÀVID – BRIGITTE R. WINKLER

HUNDELEBEN HUNDEGLÜCK

Ratgeber für Hundefreunde

J&V

ISBN: 3-224-17655-5 Jugend und Volk Wien

Umschlagentwurf: Bruno Wegscheider
Illustrationen: Markus Kasper

Gesamtherstellung:
M. Theiss Ges.m.b.H., A-9400 Wolfsberg

LEBEN MIT HUNDEN

HUNDEKRANKHEITEN

Nach mehr als 25 Jahren Praxis als Tierarzt weiß ich genau, wo Hundebesitzer der Schuh drückt, und welche Fragen geklärt werden müssen, ehe tierliebende Menschen sich einen Hund anschaffen. Beiden, Hundebesitzern und solchen, die es hoffentlich bald sein werden, möchte ich mit diesem Buch kompetente Antworten geben auf die häufigsten Fragen, die im Zusammenhang mit der Hundehaltung entstehen können.

Damit Ihr Hund kein Hundeleben leben muß, sondern nur Hundeglück erfährt.

Hunde verdienen es, daß man ihnen das Leben so schön wie möglich gestaltet. Ist es doch das Bestreben dieser liebenswerten Tiere, das Leben des Menschen zu verschönern, ihm zu helfen und ihn zu erfreuen. Der Hund ist der älteste Gefährte des Menschen. Treue ist für ihn nicht nur ein Wort. Eine Abkehr vom Hund ist eine Abkehr von der Natur.

Das Buch soll für jung und alt eine Anregung darstellen, ein noch intensiveres Leben mit Hunden führen zu können, sowie ein Wegweiser zur richtigen Ernährung und Pflege sein.

Hunde können aber auch krank werden. Das Buch soll dazu beitragen, daß der Besitzer lernt, seinen vierbeinigen Hausgenossen so gut und genau zu beobachten, daß es erst gar nicht dazu kommt. Und wenn eine Krankheit schon nicht zu vermeiden ist, sollte sie möglichst früh erkannt werden und somit eine schwere Erkrankung mit womöglich irreparablen Folgen vermieden werden.

Ein Hundebesitzer, der mit Alarmzeichen, Warnsignalen und Symptomen der verschiedensten Krankheiten vertraut ist, kann den Tierarzt rechtzeitig, besser und umfassender informieren. Es kann in manchen Fällen sogar lebensrettend sein, den Augenblick zu erkennen, wann das Tier unverzüglich zum Arzt muß. Wie oft konnte ich einem Vierbeiner nur mehr unter Aufbietung aller technischen und sonstigen Errungenschaften der modernen Veterinärmedizin und mit mühsamer Nachbehandlung helfen, nur weil der Besitzer es durch Unwissenheit verabsäumt hatte, den Hund rechtzeitig zum Tierarzt zu bringen.

Auf keinen Fall soll das Buch dazu verleiten, selbst zu experimentieren und an seinem Hund Doktor spielen zu wollen. Es soll ein Ratgeber zum Vorbeugen sein, das Heilen muß man dem Tierarzt überlassen.

Tierarzt zu sein, ist für mich der schönste Beruf der Welt.

Dr. Thomas DàVid

Drei liebenswerte kleine Hündchen begleiten Sie, liebe Leser, durch unser Buch. Sie sollen Ihnen überall, wo sie auftauchen, wichtige Dinge mitteilen:

Doctor Bull treffen Sie immer dann, wenn Ihnen nur noch der Tierarzt weiterhelfen kann.

Barry gibt Ihnen wichtigte Tips und lehrreiche Hinweise, die Ihnen das Zusammenleben mit Ihrem Hund erleichtern sollen.

Rigo paßt auf, daß Sie in gewissen Situationen besonders achtsam mit Ihrem Hausgenossen umgehen.

LEBEN MIT HUNDEN

1. Ein Hund kommt ins Haus

Wollen Sie bedingungslose Zuneigung spüren?

Wollen Sie unerschütterliche Treue erleben?

Wollen Sie ein Wesen um sich haben, das immer für Sie da ist, das Ihnen vertraut und Sie auf andere Gedanken bringt?

Dann schaffen Sie sich einen Hund an!

Aber seien Sie sich auch darüber im klaren, daß zu einem gedeihlichen Zusammenleben zwischen Mensch und Tier mehr gehört, als ein spontaner Wunsch, der mit einem Kauf rasch erfüllt ist. Wenn Sie ein Single sind, dann gehen sie in sich, und wenn Sie Familie haben, dann setzen Sie sich mit allen Familienmitgliedern an einen Tisch und überlegen Sie erst einmal die Für und Wider einer solchen Anschaffung.

- Wer ist bereit und hat täglich genügend Zeit, die Hauptarbeit mit dem Hund (füttern, spazierengehen, erziehen, pflegen, spielen usw.) zu übernehmen?
- Was geschieht bei längerer Abwesenheit (Urlaub) mit dem Hund?
- Ist jemand da, der Zeit hat, sich um das Tier zu kümmern, wenn es einmal ernsthaft krank ist?

- Hunde kosten Geld.
- Ist genügend Raum für eine artgerechte Unterbringung in Ihrer Wohnung vorhanden?
- Gestattet der Vermieter (Hausordnung) das Halten eines Tieres?
- Welcher Hund paßt zu Ihren Lebensgewohnheiten (siehe Kapitel 3, S. 28)?

Ein Hund ist ein Rudeltier. Sein Mensch ist – bei richtiger Erziehung – für ihn Rudelführer und Mittelpunkt seines Lebens, das rund zehn bis 15 Jahre dauert. Er liebt ihn, aber er braucht ihn auch. Wird er von ihm verlassen, kann das grausame Folgen für das Tier haben.

Sprechen Sie vor allem mit langjährigen Hundebesitzern über deren Erfahrungen, Freuden und Probleme. Holen Sie sich fachliche Beratung von einem Tierarzt, der Sie womöglich schon kennt – und lesen Sie dieses Buch. Wenn danach nicht nur Ihr Herz, sondern auch der Kopf für einen Hund spricht, steht einer glücklichen Beziehung mit diesen klugen, feinfühligen und freudespendenden Wesen nichts mehr im Wege.

Wie bereitet man die Wohnung auf den Einzug eines Hundes vor?

Das ideale Heim für einen Hund, vor allem für größere Rassen, hat zumindest einen kleinen Garten. Er nimmt dem stolzen Hundebesitzer viel Arbeit ab. Ein junger Hund zum Beispiel sollte alle zwei Stunden ins Freie, was mit einem Garten kein Problem darstellt. Wohnen Sie in oberen Stockwerken, müssen Sie eben oft stiegensteigen, das ist ohnedies sehr gesund. Hunde von der Größe eines Chihuahua kann man übrigens an eine Sandkiste gewöhnen.

Möbel

Insbesondere junge Hunde lieben es, beinahe alles, was ihnen vor die Schnauze kommt, zumindest versuchsweise zu zerbeißen. Ich selbst hatte einen Bullterrier, der unendlich gerne an Sesselbeinen knabberte. Der Tag, an dem das Möbelstück zufolge Einsturzgefahr unbrauchbar werden würde, ließ sich vorhersehen. Ein weiteres seiner beliebten Spiele: die Sitzlandschaft zerlegen und stückweise in einen anderen Raum zerren.

Vor allem Boxer, Bernhardiner und Spaniel speicheln sehr stark. Wenn Sie die Spuren davon nicht gerne für alle Zeiten auf ihren Stoffmöbeln haben wollen, sollten Sie sich waschbare Schonbezüge anschaffen.

Schuhe

Viele Hunde gehen gerne auf Schuhe los. Sind sie in Reichweite eines unbeaufsichtigten Möchtegernjägers, wird er sie „fangen", schütteln und beuteln und an ihnen seine Zähne erproben, als wär's ein Beutetier. Geben Sie ihm daher auch keinen alten Schuh zum Spielen. Er kann ihn von einem neuen nicht unterscheiden und glaubt nun, Schuhe zerbeißen sei prinzipiell erlaubt.

Tücher

Auch Tücher sind mitunter in höchster Gefahr. Wobei der Hund auch hier keinen Unterschied macht, ob das jetzt ein Ausverkaufs-Handtuch oder ein sündteures Hermès-Seidengeviert ist. Erwischt er es, wird es ins Maul genommen und munter und lustig duch die Wohnung geschleppt. Es dauert schon eine ganze Weile und kostet Sie einiges an Erziehungseinsatz (siehe Kapitel 12, Seite 85) und wohl auch an Nerven, bis das Tier weiß, was erlaubt und was nicht erlaubt ist.

Was ich damit sagen will: Lassen Sie vor allem bei einem jungen Hund nichts umherstehen oder -liegen, was unter Umständen Beute des Tieres werden kann. Vor allem, wenn dadurch womöglich die Gesundheit des Hundes gefährdet werden könnte – wie zum Beispiel durch Chemikalien (offene Waschmittelschachteln, Putzmittel, Arzneien...), kleine Gegenstände, die er verschlucken kann (Stoppel, Gummiringe, Nadeln mit Faden...), oder an denen sich der Welpe beim tollpatschigen Herumtollen durch die Wohnung verletzen kann. Was am Boden steht, sollte wirklich standfest und ohne gefährliche Ecken, Spitzen oder scharfe Kanten sein.

Pflanzen

Welche Pflanzen stehen in Ihrer Wohnung? Ich führe auf Seite 120 die gebräuchlichsten an, die für einen Hund giftig sind. Entweder Sie trennen sich von diesen, oder Sie stellen sie in einen Raum, in den der Hund auf keinen Fall darf.

Was benötigt man für die Erstausstattung des Hundes?

Stellen Sie dem Hund in der Wohnung einen zugfreien Platz zur Verfügung, der ihm allein gehört, auf den er sich zurückziehen kann und vollkommen ungestört bleibt. Sollte er einen anderen vorziehen, der Ihnen nicht ganz gegen das Wohnkonzept geht, so stellen Sie seine Unterkunft ab sofort dorthin. Dabei kann es sich um einen Korb, eine kleine Kiste, eine alte Matratze oder Decke usw. handeln. Der Hund sollte darin oder darauf gemütlich Platz haben, auch wenn er sich ganz ausstreckt. Richten Sie sich bei der Größe des Korbes nach dem ausgewachsenen Hund, sonst müssen Sie halbjährlich etwas Größeres kaufen. Decken müssen einerseits die Fähigkeit haben, die Bodenkälte zu isolieren, andererseits auch hygienischen Grundsätzen genügen.

Korb

Für ganz junge Hunde sind Weidenkörbe nicht geeignet, denn sie zerbeißen sie gerne und können sich dadurch Zahnfleischblutungen und andere Verletzungen im Maul zuziehen. Besser geeignet sind Kartons. Sie können sie der jeweiligen Größe des Hundes anpassen, und hat er seine Behausung in Stücke gerissen, kostet es Sie nichts, ihm einen neuen zu besorgen.

Hütte

Sollte Ihr Vierbeiner im Garten eine Hundehütte haben, muß sie seiner Größe entsprechen, gut isoliert und leicht zu reinigen sein.

Schüsseln für das Fressen und Trinkwasser sollten rutschfest, gut zu reinigen und nicht zu klein sein, damit nichts herausfällt oder leicht überläuft. Für Hunde mit langen Ohren gibt es sogar spezielle Gefäße, die nach oben hin enger werden, so daß die schlappen Hörapparate nicht ins Fressen hängen.

Halsband oder Brustgeschirr

Die Entscheidung ob Halsband oder Brustgeschirr hängt von der Rasse Ihres Tieres ab. Dackel zum Beispiel sollten prinzipiell nur mit Brustgeschirr spazierengeführt werden. Der Zug am Halsband kann ihre ohnedies sehr empfindliche Wirbelsäule zusätzlich belasten. Dazu gehört eine Leine, die mittels Karabinerhaken daran befestigt wird. Weiters benötigen Sie einen Beißkorb.

Spielzeug

Vergessen Sie nicht auf Spielzeug für den Hund (Ihre Schuhe werden es Ihnen danken)! Es sollte groß genug sein, damit der Hund es nicht verschlucken und stabil genug, damit er es nicht zerbeißen kann. Dafür bekommt er unbedingt seinen Büffelhautknochen.

Sehr wichtig sind eine kleine Schaufel und mehrere Plastiksäckchen oder spezielle Kotbeseitigungs-Utensilien, mit denen sie das große Geschäft Ihres Hundes während des Spazierganges in der Stadt spurlos beseitigen können. In manchen Städten gibt es dafür schon eigene Vorrichtungen.

Für die Pflege des Hundes benötigen Sie Kamm, Bürste und eventuell eine Pedikürschere zum Kürzen der Krallen.

Steuer und Versicherung

Vergessen Sie nicht, daß man für das Tier Hundesteuer zahlen muß. Erkundigen Sie sich in Ihrer Gemeinde nach den Vorschriften. Ratsam ist es auch, eine Hundehaftpflichtversicherung abzuschließen. Überlegen Sie nur einmal die Folgekosten, die ein durch Ihren Hund verursachter (Auto-)Unfall haben kann.

Soll man sich den Hund aus einem Tierheim holen?

Einen wahren Hundefreund erkennt man daran, daß er dem Tier uneingeschränkte Liebe und Menschlichkeit entgegenbringt. Sonst sollte er sich gar kein Tier anschaffen. Hunde sind auch kein Prestige- oder Statussymbol, vergleichbar einem Schmuckstück, das man nach Gebrauch jederzeit wieder ablegen kann. Auch keine Alarmanlage oder Spielzeug für Kinder, sondern ein Partner für den Menschen.

Der erste Weg sollte Sie daher in ein Tierheim oder Tierschutzhaus führen, wo Hunde aller Rassen, Größen und jeden Alters untergebracht sind. Manche haben ihre Besitzer durch Krankheit, Tod oder ein anderes zwingendes Schicksal verloren. Manche sind aber auch per Fußtritt aus ihrer Umgebung hinausbefördert worden. Jetzt fristen sie hier – bei allem Bemühen der selbstlosen Tierheimleiter und der Aufseher – ein jämmerliches Dasein im Käfig.

individuelle Beratung

Da das Personal keine kommerziellen Interessen verfolgt, wird man Sie wirklich individuell beraten und versuchen, Ihre Wünsche, Vorstellungen und Interessen optimal mit jenen des Tieres übereinzustimmen. Eine große Familie mit mehreren Kindern in einer kleinen Wohnung wird keine Dogge ausgefolgt bekommen, auch wenn der Wunsch danach noch so groß ist. Mit Recht! Ein Hund, der nach ein paar Wochen wieder zurückgebracht wird, hat wieder ein paar blaue Flecken mehr auf seiner gequälten Seele.

neue Freude am Dasein für den Hund

Zwar fällt bei einem erwachsenen Hund aus dem Tierheim das verbindende Aufziehen eines Welpen weg, doch ist es auch eine wunderschöne Aufgabe, einem von Menschen enttäuschten Hund wieder die Freude am Dasein zurückzugeben.

Ich habe da schon rührende Beispiele erlebt. Ein Hund galt als wahnsinnig bissig. Warum? Der auf das Tier eifersüchtige, hundefeindliche Verehrer der Besitzerin hatte den Hund heimlich zwei Jahre lang immer wieder gereizt und getreten. Schließlich brachte die ahnungslose Frau den nunmehr äußerst aggressiven Hund ins Tierschutzhaus. Seine neuen Besitzer näherten sich dem enttäuschten Tier lange Zeit äußerst vorsichtig, zeigten ihm immer wieder, daß jetzt nichts mehr zu befürchten war. So konnte die Angstbarriere langsam abgebaut werden. Wenn es wie in diesem Fall gelingt, die Schranken der Angst und des Mißtrauens aufzulösen, ist die Bindung zwischen Mensch und Tier fester und schöner als unter normalen Umständen.

Überfordern Sie sich selbst aber bei aller Tierliebe nicht. Es ist keine Schande zuzugeben, daß man diese oder jene Voraussetzung für ein seelisch gestörtes Tier ganz einfach nicht aufbringen kann. Vor allem wer zum ersten Mal einen Hund zu sich nehmen will, ist höchstwahrscheinlich mit der Erziehung eines Vierbeiners, der schon mehrmals den Besitzer gewechselt hat, überfordert.

Was ist beim Kauf eines Hundes zu beachten?

Es gibt kaum etwas Entzückenderes als einen tollpatschigen Welpen. Lassen Sie sich trotzdem beim Kauf eines Hundes nicht nur von Emotionen leiten. Ob es sich jetzt um einen Rassehund oder einen Mischling handelt, nehmen Sie sich beim Auswählen Zeit, und prüfen Sie den Allgemeinzustand des Tieres sorgfältig und kritisch (vielleicht mit einem Tierarzt):

- Wo ist der Welpe aufgewachsen, welchen menschlichen Kontakt ist er gewöhnt? Zwingerhunde, die keine oder nur schlechte Erfahrung mit Menschen gemacht haben, sind später furchtsam, scheu und mißtrauisch. Ein guter Züchter zieht Welpen im Haus auf!
- Wie alt ist das Tier? Kleine Hunde sollten nicht vor der achten bis zehnten Woche von der Mutter und den Geschwistern getrennt werden.
- Welchen Charakter haben die Hundemutter und der -vater?
- Wie sieht der Hund selbst aus? Ist das Fell dicht und glänzend, oder ist es struppig und weist kahle Stellen auf?
- Teilen Sie das Fell mit den Fingern. Ist vor allem am Schwanzansatz, im Rückenbereich oder im Genick eine Art feiner „Kohlenstaub" zu sehen, haben Sie es mit Flöhen zu tun.
- Sind die Augen klar oder rinnen sie, sind sie verklebt, eitrig oder tränend?
- Sind die Ohren sauber?
- Schließt das Gebiß ordentlich, oder haben die Zähne eine Fehlstellung? Sind sie sauber und

weiß, oder verbreiten sie unangenehmen Mundgeruch?

- Wenn das Bäuchlein riesig und birnenförmig ist, besteht der Verdacht auf Würmer, diese können aber vom Tierarzt problemlos beseitigt werden.
- Unter dem Schwanz sollte der Welpe trocken und sauber sein. Besteht ein Darmvorfall – es ist ein Stückchen Darm zu sehen –, deutet dies auf permanenten Durchfall hin.
- Ist der Knochenbau in Ordnung, knickt das Tier beim Gehen ein, hinkt oder humpelt es?

In allen diesen Fällen, auf die ich in den Kapiteln über Hundekrankheiten im Detail eingehe, gehört der Hund zuerst zum Tierarzt und erst dann zu Ihnen nach Hause! Ich meine damit natürlich nicht, daß man sich um kranke Tiere nicht kümmern soll. Aber auf keinen Fall sollte man verantwortungslosen Tierhändlern dafür auch noch Geld geben und sie dadurch unterstützen.

Impfpaß

Denken Sie auch daran, daß der Hund einen Impfpaß haben muß, in den bei jungen Hunden zumindest eine Impfung eingetragen sein muß. Ältere Hunde müssen ein Impfzeugnis besitzen, aus dem hervorgeht, daß sie als Jungtiere geimpft worden sind und danach jährlich alle Impfungen wiederholt wurden.

Welche Garantien hat man in der Tierhandlung oder bei einem Züchter, ein gesundes Tier zu bekommen?

Ein System, das zum Beispiel in Frankreich und in den USA mit Erfolg praktiziert wird, könnte auch in Österreich und Deutschland einen großen Fortschritt bringen. Dem Hund wird schmerzlos seine Stammbaumnummer ins Ohr tätowiert, um einwandfrei seine Identität feststellen zu können. Die Tätowierung beweist dem Käufer, daß der vorgewiesene Stammbaum und der Impfpaß zum gekauften Hund gehören.

Eine neue Methode der Identifizierung besteht darin, daß man dem Zuchthund in der Nackenfalte mit einer Spritze einen Mikrochip injiziert, der eine garantierte Wiedererkennung über ein spezielles Lesegerät ermöglicht. Im Kaufvertrag garantiert der Tierhändler oder -züchter dem Käufer zweierlei: erstens, daß der Hund keine Infektionskrankheiten hat, sondern geimpft und entwurmt wurde. Dafür haftet der Verkäufer zwei Wochen lang.

Kaufvertrag als „Garantiepaß"

Zweitens garantiert der Verkäufer für ein Jahr, daß der Hund weder Erbkrankheiten (z. B. Hüftdysplasie) hat noch daß er sonstige Mängel aufweist, die den Hund an einem normalen Leben hindern würden. Ein Tierarzt, der das Vertrauen von Käufer und Verkäufer besitzt, überprüft die Angaben. Stimmt etwas nicht, kann der Hund zurückgegeben werden.

Durch ein solches oder ähnliches System kann man schwarzen Schafen unter den Züchtern und Verkäufern die Möglichkeit nehmen, unkontrolliert Geschäfte mit zu jungen und kranken Hunden zu machen. Damit würde viel Unglück für Mensch und Tier verhindert werden. Kaufen Sie jedenfalls keinen Hund von jemandem, der mehrere Rassen gleichzeitig anbietet, der die Mutter des Tieres nicht vorzeigen kann und über die Herkunft des Welpen nur vage Angaben macht.

Ein korrekter Züchter zeigt Ihnen die Umwelt, in der das Hundebaby aufgewachsen ist, und dessen Mutter. Er weiß über den Hundevater und über die rassenspezifischen und die individuellen Eigenheiten des Welpen Bescheid. Er zeigt Ihnen, wie man mit dem Kleinen richtig umgeht, und auch später können Sie ihn jederzeit um Rat fragen. Ein guter Züchter wird Sie sogar darauf aufmerksam machen, wenn er der Meinung ist, daß „seine" Rasse nicht optimal für Sie geeignet ist.

Wie lange beansprucht ein Hund seinen Besitzer?

Je mehr Zeit Sie mit Ihrem Hund verbringen können, desto schöner und intensiver wird Ihre

Beziehung werden. Rechnen Sie je nach Rasse, Temperament und Alter mit einer halben bis eineinhalb Stunden. Dazu gehören das Spazierengehen, Füttern – wenn Sie selbst kochen, dauert es länger, aus der Dose macht es kaum Arbeit –, Kämmen, Bürsten und Spielen.

Wer nicht genügend Zeit für einen Hund aufbringen kann, sollte sich keinen anschaffen. Wenn Sie ein berufstätiger Single sind und es Ihnen nicht möglich ist, den Hund an den Arbeitsplatz mitzunehmen, ist kaum eine für beide Beteiligten befriedigende Mensch-Hund-Beziehung möglich. Grundsätzlich einen Hund stundenlang allein in der Wohnung einzusperren ist Tierquälerei.

Alleinlassen

Der Frust von Hunden, die immer vernachlässigt und als lästig empfunden werden, schlägt schließlich in Aggression um. Eigentlich eine völlig normale Reaktion auf die Gedankenlosigkeit und Grobheit eines Menschen.

Wie oft und wie lange muß man mit einem Hund spazierengehen?

Der Hund, auch der kleinste, liebt die freie Bewegung. Brav und gesittet an der Leine mit dem Besitzer einkaufen zu gehen, kann nicht als Auslauf gelten. Auch ein großer Garten ersetzt den täglichen Spaziergang nicht. Der Vierbeiner muß sich austoben, hin- und herrennen, mit anderen Hunden balgen und spielen und die Freude an der Bewegung genießen können.

Nur auf einem langen Spaziergang kann der Hund seine arteigenen Bedürfnisse ausleben. Er lernt gerne Artgenossen kennen und sucht neue Eindrücke, vor allem durch die Nase. Für das Schnüffeln braucht er ausgiebig Zeit (zerren Sie ihn nicht immer gleich ungeduldig weiter), und für Rüden ist es ein Grundbedürfnis zu markieren.

Das Ausmaß dieses genußvollen Auslaufes ist je nach Alter, Temperament, der Funktion des Hundes, der Rasse und der Größe verschieden.

Er sollte aber mindestens dreißig Minuten bis zwei Stunden dauern, je nach Bedarf verteilt auf zwei, drei Phasen. Hunde, die ständig zu wenig Bewegung machen, werden dick, kränklich, traurig und aggressiv.

dreißig Minuten

Suchen Sie sich für den Spaziergang möglichst menschen- und autofreie Gegenden aus, die ungehemmtes Toben erlauben. Nehmen Sie dabei trotzdem Rücksicht auf kleine Hunde, wenn Sie stolzer Besitzer eines großen sind. Achten Sie in Parks auf extra deklarierte Hundezonen. Kinderspielplätze sind selbstverständlich tabu.

Seien Sie vorsichtig in Waldgegenden. In Jagdgebieten muß der Hund an der Leine geführt werden, damit er dem Wild keinen Schaden zufügen kann. Hunde, die außer Sicht- und Rufweite ihres Besitzers mit oder ohne Maulkorb beim Jagen angetroffen werden, können erschossen werden. Gehen Sie einer solchen Gefahr lieber von vornherein aus dem Weg.

Wie gewöhnt man mehrere Tiere aneinander?

Egal, ob schon Tiere in Ihrem Haushalt leben oder nicht – zunächst braucht der Neuankömmling in jedem Fall Ruhe und Zeit, sich in der ungewohnten Umgebung umzusehen und alles zu beschnüffeln. Schon vorhandene Haustiere sollten ihm dabei möglichst ferngehalten werden.

Hat man das Gefühl, daß sich der Hund schon recht sicher fühlt, kann es zu den ersten Begegnungen kommen. Große Hunde sind dabei unbedingt an die Leine zu nehmen, damit man keine bösen Überraschungen erlebt. Macht niemand Anstalten, auf den anderen loszugehen, kann man ihn wieder von der Leine befreien.

Beobachten Sie die Tiere aufmerksam, aber greifen Sie erst ein, wenn es wirklich kritisch wird. Stellen Sie auf alle Fälle eine Sprühwasserflasche bereit. Ein gezielter Strahl kann Kampfhähne schnell trennen. Seien Sie vorsichtig, aber nicht überängstlich.

Hund und Katze

Eine schon im Haushalt lebende Katze wird jetzt natürlich versuchen, ihre angestammten Rechte notfalls mit Kralleneinsatz, auf jeden Fall aber mit Gepfauche zu verteidigen. Der umgekehrte Fall ist wesentlich einfacher. Hunde sind, was ihr Revier betrifft, Katzen gegenüber meist gutmütiger. (Außer es handelt sich um einen Bullterrier. Schlagen Sie sich eine solche Kombination aus dem Kopf!) Auf keinen Fall darf das Tier mit den älteren Rechten vernachlässigt werden.

Lassen Sie die beiden Tiere erst dann unbeaufsichtigt zusammen, wenn sie sich wirklich schon aneinander gewöhnt haben. Dabei hilft zum Beispiel, wenn man dem Neuankömmling etwas ins Körbchen legt, was den Geruch des vierbeinigen „Hausherren" oder der „Hausdame" trägt und diesem(r) etwas vom Neuankömmling, um sie an den Geruch des anderen zu gewöhnen. So werden die beiden einander wesentlich schneller „gut riechen" können.

2. Mensch und Hund

Gesunde Hunde haben das Bedürfnis, dem Menschen Freude zu bereiten und ihm zu helfen. Wie kein zweites Tier haben Sie sich dem Menschen angepaßt, sie lieben ihn, vertrauen ihm und – durchschauen ihn. Zwischen Mensch und Hund kann eine tiefe Verbundenheit bestehen, die für beide beglückend und nützlich ist.

Darüberhinaus lassen sich Hunde im Dienste des Menschen zu Schutzhunden, Wachhunden, Blindenhunden, Fährtensuchern, Lawinenhunden, Rettungshunden, (Rauschgift-)Spürhunden, Hirtenhunden, Jagdhunden, Schlittenziehern und vielem mehr ausbilden.

Hunde sind Medizin für gesunde Menschen und helfen kranken Menschen: Blindenhunde haben eine lange Tradition. Längst werden Hunde aber auch dazu ausgebildet, für taube Menschen zu hören, ihnen also wichtige Geräusche (das Klingeln an der Tür, das Telefonläuten...) anzuzeigen, oder Menschen, die an den Rollstuhl gefesselt sind, zu unterstützen, indem die Hunde Liftknöpfe und Lichtschalter betätigen, hinuntergefallene Gegenstände aufheben usw.

Der Mensch hätte also allen Grund, den Hund – auch wenn er keinen eigenen besitzt und will – zu bewundern und zu respektieren. Trotzdem greift unter uns Menschen besonders in letzter Zeit eine Krankheit um sich, die sehr traurig und im Grunde unverständlich ist. Sie betrifft das Tier im allgemeinen und den Hund im speziellen:

Sobald der Mensch aus der Tiergestalt hervorgegangen ist, ist er daran gegangen, seine Verwandten auszurotten oder ihnen zumindest das Leben schwer und zur Hölle zu machen. Zunächst aus Hunger, später aus Unverstand, aus Überheblichkeit, aus Bequemlichkeit, aus Geldgier usw. Umweltkatastrophen, an denen zumindest in unseren Tagen oft ebenfalls der Mensch ursächlich beteiligt ist, leisteten und leisten ein übriges.

Um mehr als genug zu essen zu haben, pferchen wir Schweine, Hühner und andere Nutztiere auf engstem Raum zusammen, bearbeiten sie mit Medikamenten und schlachten sie schließlich auf unwürdige Art.

Es wird kaltblütig in Kauf genommen, daß Delphine beim Thunfischfang in den Netzen sterben. Unser Wild „muß" dezimiert werden, weil wir seinen Lebensraum ständig verkleinern und es daher „überhand" nimmt. Durch Insektizide vergiftete Singvögel (soweit sie nicht für Delikatessenhändler in Netzen enden) sind unfruchtbar, die Bienen sind krank, und den Schmetterlingen fehlen echte Blumenwiesen, die gepflegten (Golf)Rasen weichen müssen, den Störchen und Fröschen die Sümpfe.

Und auch dem Hund geht es an den Kragen! Durch Stimmen, die fordern: Weg mit dem Hund aus der Stadt!

Ist der Mensch denn nicht imstande, mit Tieren zu leben? Ist es ihm unmöglich, Probleme, die im Zusammenhang mit Tieren auftauchen können, mit Hilfe seines Verstandes zu lösen? Genügt die Tatsache, daß Hunde eine Verdauung haben und in Extremfällen beißen, daß man sich überlegt, sie abzuschaffen?

Was glauben Sie, welche Hunderasse sich hinter folgender Charakterisierung verbirgt: Ausgesprochen familienfreundliche Rasse, liebt Kinder und seinen Besitzer hingebungsvoll, selbstbewußt, aber empfindsam...

Haben Sie sofort an einen Bullterrier gedacht? Denn genau um diesen handelt es sich. Und fällt Ihnen nach dieser Beschreibung das Wort „Killerhund" ein?

Dazu muß dieser liebenswerte Hund erst gemacht werden! Falsch erzogen oder „mannscharf" abgerichtet, kann der Bullterrier tatsächlich gefährlich werden. Psychisch gestörte Menschen mißbrauchen solche Hunde als Kampfmaschinen und zur Demonstration von angsteinflößender Macht und Kraft. Daher gehören Bullterrier (auch Rottweiler, Mastinos, Schäferhunde usw.) nur in die Hände von charakterstarken Menschen. So wie Pistolen, Gewehre, Messer, Autos, Flugzeuge – auch damit können psychisch labile Menschen andere Menschen verletzen oder gar töten.

Aber denkt man deshalb daran, diese Gegenstände zu verbieten? Sicher haben schon mehr Autos Kinder verletzt und getötet als Hunde. Bezeichnet man deshalb Autofahrer nur mehr als „Killerfahrer“ und überlegt sich, daß Auto abzuschaffen?

Auch das Problem der vereinzelt durch den Menschen scharf gemachten Hunde verschiedener Rassen muß anders gelöst werden, als daß man gleich alle betroffenen Rassen oder überhaupt alle Hunde verdammt, verbieten und abschaffen möchte.

Welchen Charakter ein Hund hat, hängt weitgehend davon ab, wie er vor allem als Welpe und halbwüchsiger Hund erzogen wurde (siehe Kapitel 12, Seite 85). Es ist die falsche Einstellung, die Persönlichkeit des Tieres mit Schlägen und Fußtritten brechen zu wollen. Man muß ihm sehr konsequent, aber hundegerecht und liebevoll die gewünschten Verhaltensweisen beibringen, ohne daß es dadurch sein eigenständiges Wesen verliert oder die Vertrauensbasis zwischen Mensch und Tier verloren geht.

Soll man sich einen Hund anschaffen, wenn gerade ein Baby unterwegs oder im Haus ist?

Davon würde ich abraten. Es führt zu unnötigen Konfliktsituationen. Alles wird sich hauptsächlich mit dem Kind beschäftigen. Einer bleibt auf alle Fälle auf der Strecke. Die Folge ist ein unerzogener Hund, der unter Umständen sogar Verhaltensstörungen zeigt. Sobald das Kind laufen und sprechen kann, steht der Anschaffung einer kinderfreundlichen, verspielten Rasse mit Schutzinstinkt (Bobtail, Collie, Rottweiler, Hovawart, Airedale Terrier, Schweizer Sennenhund, Kuvasz, Boxer, Deutscher Schäferhund, Bernhardiner, Cocker Spaniel, Bullterrier, Beagle, Rauhhaardackel, Welsh Corgi, französische Bulldogge – um nur einige zu nennen) oder eines entsprechenden Mischlings, der auch einmal einen kräftigen Schubs gutmütig einsteckt, nichts mehr im Wege.

kinderfreundliche Rassen

Wenn der Hund schon längere Zeit im Haus ist und somit seinen Platz in der Familienhierarchie gefunden hat, ist es kein Problem, wenn ein Baby unterwegs ist. Sagen Sie Ihrem Arzt, daß Sie einen Hund haben, lassen Sie den Hund vor der Geburt des Kindes auf alle Fälle vom Tierarzt unter diesem Aspekt untersuchen, und achten sie auf besondere Hygiene. Kommt das Baby nach Hause, wird es der Vierbeiner als neues

Rudelmitglied, sozusagen als Welpen, akzeptieren. Natürlich darf er in keiner Weise vernachlässigt werden.

Wichtig ist auch, daß Sie dem Hund unter den neuen Gegebenheiten liebevoll beibringen, was er darf und was nicht (das Baby ablecken, versuchen, sich in sein Bettchen zu legen, ins Zimmer gehen, wo das Baby schläft, für ihn fremde Hausbesucher, die „sein" Baby anfassen wollen, beißen usw.).

Welche Wirkung hat der Hund auf ein Kind?

Ich kann gar nicht genug betonen, wie wichtig es ist, daß Kinder früh genug den Umgang mit Tieren lernen. Die Beziehung zum Hund hat einen sehr positiven Einfluß auf die Seelenbildung des Kindes und auf seinen Charakter.

Das Kind hat außerdem ständig einen Spielkameraden, der immer fröhlich und zu allerlei Späßen aufgelegt ist, der nicht launisch und nicht grantig ist. Gleichzeitig erziehen ein Kind und ein Welpe einander auf spielerische Weise.

Förderung des Sozialverhaltens

Das Tier fördert das Verantwortungsgefühl des Kindes, das steigert wiederum sein Selbstwertgefühl. Es trägt weiters bei zur Entwicklung der Bindungsfähigkeit, Erlebnisfähigkeit, Disziplin und Selbstdisziplin, der Ordnungsliebe und Pünktlichkeit des Kindes, wenn es sich mit einem Tier beschäftigt und im entsprechenden Alter von den Eltern Aufgaben, die den Hund betreffen, übertragen bekommt. Das Kind lernt auch, daß ein Tier zwar ein verläßlicher Spielkamerad, aber kein Spielzeug ist.

Es ist wissenschaftlich nachgewiesen, daß insbesondere Hunde auf behinderte und auch auf Kinder mit Seelenproblemen einen fördernden und heilenden Einfluß haben. Kontaktscheue Kinder zum Beispiel finden über die gemeinsame Liebe zum Tier leichter zur Gesellschaft mit anderen Kindern. Die Beobachtung und die Beschäftigung mit dem Tier wirken sich auch positiv auf mangelhaftes Konzentrationsvermögen und auf die Kreativität der Kinder aus.

Wie soll ein Kind sich im Umgang mit fremden Hunden verhalten?

Erklären Sie Ihrem Kind, daß es generell kein fremdes Tier streicheln oder berühren soll, ohne zuvor den Besitzer um Erlaubnis gefragt zu haben. Ungestümes, von Freudenschreien begleitetes Zulaufen auf einen fremden Hund wird von diesem als Bedrohung empfunden. Er wird im besten Fall davonlaufen, im schlechtesten Fall beißen.

Umgekehrt soll ein Kind aber auch nicht vor einem Hund, der ohne Leine und Maulkorb unterwegs ist, davonlaufen. Mit Sicherheit wird er dies als Aufforderung zum Nachlaufen (Jagd- und Beuteinstinkt) verstehen. Zeigen Sie dem Kind, daß ein Hund, wenn es ruhig stehenbleibt und beruhigend und freundlich zu dem Tier spricht, nach ein paar Schnüfflern sein Interesse bald wieder verliert und sich anderen Dingen zuwendet. Machen Sie das Kind darauf aufmerksam, daß der Hund es als Drohung versteht, wenn man ihm starr in die Augen schaut.

Ganz besonders eindringlich sollten Sie Ihrem Kind einschärfen, daß man Hunde beim Fressen nicht stören darf und ihnen unter keinen Umständen, womöglich „aus Spaß“, das Fressen oder den geliebten Kauknochen wegzunehmen versucht. Ein solcher Leichtsinn muß fast zwangsläufig böse enden.

Was Sie auf keinen Fall tun sollten: dem Kind Angst vor fremden Hunden machen. Hat das Kind erst einmal den Umgang mit Hunden zu Hause gelernt, wird es Tieren ohnedies mit Verständnis für deren Bedürfnisse und Empfindungen begegnen.

Welchen Einfluß hat der Hund auf die Gesundheit und das Zusammenleben von Menschen?

Es ist wissenschaftlich bewiesen, daß Tiere einen enormen Einfluß auf die Gesundheit und das Zusammenleben von Menschen ausüben: sowohl im Alltagsleben (Hunde können so viel Freude übertragen, zwingen zum täglichen Spaziergang usw.) als auch auf Menschen, die körperlich krank sind oder psychische Probleme haben.

Amerikanische Ärzte an der Universität von Pennsylvania, die bereits die gesundheitlichen Effekte des Streichelns von Tieren – Senkung des Blutdruckes und Beruhigung des Pulsschlages – erforscht haben, bewiesen jetzt auch, daß Tiere Kontakte unter Menschen fördern. Das Ergebnis – auf einen ganz einfachen Nenner gebracht – klingt ja auch wirklich einleuchtend: Wer mit einem Hund unterwegs ist, kommt leichter in ein Gespräch als einsame Spaziergänger.

Hund als Problemlöser

In Wien wiederum konnte nachgewiesen werden, daß Familien mit Haustieren sich durch ein harmonischeres Zusammenleben, mehr Offenheit, größeres gegenseitiges Verständnis und bessere Bewältigung von Problemsituationen auszeichnen als Familien ohne Haustiere.

Bewohner von Altersheimen, in denen regelmäßig Tierbesuchsprogramme durchgeführt werden, verspüren mehr Lebensfreude, streiten weniger untereinander und entwickeln ein besseres Verhältnis zum Pflegepersonal. Wer gemeinsam über ein Tier lacht, wer gemeinsam Freude an der Beschäftigung mit einem Tier empfindet, kommt in der Folge auch besser miteinander aus.

Hunde haben eine ungeheure Farbigkeit und Nuancierung im Ausdruck ihrer Gefühle in den tausenden von Jahren, seit die Symbiose zwischen Mensch und Hund besteht, gelernt. Der Mensch hingegen scheint dies immer mehr zu verlernen. Äußerungen der Zuneigung beim Hund sind immer und überall aufrichtig und von keiner Berechnung, von keinem Egoismus oder sonst einer Manipulation begleitet und somit ein Quell der Lebensfreude für den Menschen.

3. Welcher Hund paßt zu wem?

Haben Sie sich dafür entschieden, einen Hund anzuschaffen, stehen Sie vor wichtigen Überlegungen.

Soll es ein Mischling oder ein Rassehund sein? Was erwarten Sie sich von dem Hund? Was können Sie dem Hund bieten? Soll der Hund ein Spielkamerad und Erzieher für ein Kind sein, ein Lebenskamerad für einen alten Menschen oder ein Freund und Beschützer für eine große Familie, für Haus und Garten usw.?

Es ist ungemein wichtig, daß Charakter, Größe, Temperament und Bewegungsanspruch des Hundes mit Ihren Wünschen, Ihrem Temperament, Ihren zeitlichen und räumlichen Möglichkeiten und Ihrem Bewegungsdrang optimal übereinstimmen. Es muß sehr klar und deutlich gesagt werden: einen großen Hund in einer winzig kleinen Stadtwohnung ohne Garten zu halten, grenzt an Tierquälerei. Außer Sie haben die Zeit und das Bedürfnis, stundenlang mit Ihrem Hund spazierenzugehen, und er kommt nur zum Schlafen nach Hause. Zu einem begeisterten Jogger paßt ein lauffreudiger Vierbeiner und nicht ein Mops oder eine Bulldogge.

Die folgende kleine Charakterkunde soll dem zukünftigen Hundebesitzer die Qual der Wahl erleichtern.

1. SENNEN- UND TREIBHUNDE

Zuchtziel war ursprünglich das Treiben der Herden. Stärke, Mut, Wachsamkeit, Besitzertreue und Gehorsamkeit wurden gefördert. Reine Treibhunde haben große Laufausdauer und sind echte Gebrauchshunde ohne Jagdleidenschaft.

BERNER SENNENHUND: Langes Haarkleid, ist wachsam, nicht aggressiv, kinderfreundlich, nicht ausgesprochen lauffreudig, braucht aber längere Spaziergänge. Sehr temperamentvoll. Lernt langsam.

ROTTWEILER: Ursprünglich ein reiner Treibhund. Heute fast ausschließlich als Wachhund, Diensthund und guter Schutzhund im Einsatz. Er ist temperamentvoll, aufmerksam, draufgängerisch, hart, unerschrocken, sehr nervenfest, mit einem angeborenen Schutzverhalten. Ein guter, liebevoller, aber sportlicher Familienhund. Konsequente, jedoch einfühlsame Erziehung ist nötig. Nichts für Anfänger. Bei falscher Erziehung gerät er leicht außer Kontrolle!

2. HIRTENHUNDE

Ursprünglich bewachten diese Hunde das Vieh und verteidigten es, wenn nötig, auf Leben und Tod gegen Bären und Wölfe. Daher zeichnet sie Stärke und Mut aus. Der starke Haarwuchs war Witterungsschutz. Alle Rassen benötigen intensive Haarpflege.

KUVASZ: Guter Familienhund, wenn genügend Platz (großer Garten) vorhanden. Liebt „seine“ Kinder, mißtraut fremden. Starke Persönlichkeit, mutiger Wachhund.

PULI: Guter Wächter. Er braucht viel Beschäftigung und Auslauf. Das gewellte, dichte Haar verlangt tägliche Pflege.

KOMONDOR: Kein Schmeichler und Schmuser, schwierig zu erziehen. Kein Wohnungshund. Das weiße gewellte Fell braucht viel Pflege.

3. SCHÄFERHUNDE

Heutzutage haben Schäferhunde meist andere Aufgaben, als ihr Name vorgibt. Sie sind kluge, leicht erziehbare, flinke Hunde. Reagieren auf ganz geringe Sicht- und Hörzeichen, sind beliebt als wachsame Schutzhunde.

DEUTSCHER SCHÄFERHUND: Geeignet als Gebrauchs- und Schutzhund, Sport- und Familienhund. Enger Kontakt zu einer energischen Bezugsperson ist nötig sowie viel Bewegung und Beschäftigung. Er ist arbeitsfreudig und leichtführig, hat gute Nerven und ein ausgeglichenes, dem Herrn sehr zugetanes Wesen. Bei Haltungs- und Erziehungsfehlern kann er ein Raufer werden.

AMERIKANISCH-CANADISCHER WEISSER SCHÄFER: Die Charaktereigenschaften entsprechen denjenigen des Deutschen Schäferhundes, nur ist er ein noch viel lieberer Familienhund! Dieser unermüdliche Freizeithund braucht viel Bewegung und Beschäftigung.

COLLIE (SCHOTTISCHER SCHÄFERHUND): Intelligenter, sehr lernfähiger, wachsamer Hund. Guter Familienhund, braucht aber viel Bewegung und Beschäftigung. Ist sehr sensibel. Eleganter, sportlicher Begleiter.

BERGER DE BRIE (BRIARD): Sehr anspruchsvoller, temperamentvoller, eigensinniger, wachsamer, intelligenter Hund. Er hat einen angeborenen Schutztrieb. Konsequente, einfühlsame Erziehung ist nötig. Braucht viel Auslauf („Fahrradhund") und Platz.

BOBTAIL (OLD ENGLAND SHEEPDOG): Kraftvoller, robuster, gutmütiger, aber selbstbewußter Hund. Einfühlsame Erziehung ist notwendig. Ein guter Beschützer und lieber Familienhund. Tägliche Fellpflege!

4. DEUTSCHER SPITZ

Ursprünglich als Jagdhunde gezüchtet. Haben ein dickes Haarkleid und sind sehr bellfreudig. Bei konsequenter Erziehung ist dies aber in erträgliche Grenzen zu bringen.

CHOW-CHOW: Schwer erziehbar, seinem Besitzer treu ergeben, aber Fremde lehnt er ab. Schlägt an, bellt nicht anhaltend. Tägliche Haarpflege ist ein absolutes Muß. Wenig lauffreudig.

5. *NORDISCHE HUNDE:* Vorsicht, sehr eigenwilliger Charakter! Brauchen energische Besitzer, die sie als Meuteführer anerkennen. Sie sind Jagd- bzw. Schlittenhunde.

Rassen: SIBERIAN HUSKY, ALASKAN MALAMUTE, SAMOJEDE.

6. PINSCHER UND SCHNAUZER

Ursprünglich wurden sie als Rattenfänger in Pferdeställen eingesetzt und gehen heute noch erbittert auf Mäuse und Ratten los („Rattler"). Sie sind sehr anhänglich und wachsam. Haben viel angeborene Schneid und Schutztrieb.

ZWERGSCHNAUZER: Unerschrocken, temperamentvoll, selbstbewußt, lebhaft, witterungsunempfindlich, wachsam, bellt gerne. Familienkontakt ist nötig. Er ist gut geeignet für viele Ausbildungsmöglichkeiten. Muß geschoren werden.

RIESENSCHNAUZER: Auch als Schutz- und Arbeitshund einsetzbar. Kein leichtführiger Sporthund, aber ein guter Familienhund, der konsequente Zuwendung ohne Härte braucht. Bei inkonsequenter Erziehung spielt er sich gerne als Familientyrann auf. Muß geschoren werden.

PINSCHER: Kluge, ausdauernde, robuste, lustige, zärtliche, selbstbewußte Hunde. Ein unbestechlicher Wächter (auch in Zwergform). Sehr anspruchsloser, hervorragender Begleithund.

DOBERMANN: Ausgesprochener Einmannhund. Bei frühzeitiger Gewöhnung an Menschen und Artgenossen besteht (aus guter Zucht kommend) kaum Gefahr, daß er zum Beißer und Raufer wird. Er braucht konsequente Erziehung, viel Beschäftigung und Bewegung. Ein guter Wach- und Schutzhund. Liebt die Kinder seiner Familie. Benötigt unbedingt eine solide Ausbildung. Nichts für bequeme oder nervöse Menschen.

7. PUDEL

Gute Begleithunde. Intelligent, leicht erziehbar, verlieren keine Haare. Müssen alle vier Wochen geschoren werden. Nicht aggressiv, keine Kläffer (außer sie sind verzogen), sehr verträglich. Sie brauchen Beschäftigung und dürfen nicht alleingelassen werden.

8. KLEINHUNDERASSEN UND ZWERGHUNDE

Ideale Stadthunde.

CHIHUAHUA: Sehr klein, wachsam, sehr lebhaft, kein verspielter Zwerg, sondern eine Hundepersönlichkeit.

LHASA APSO: Ist die Zwergform der Hirtenhunde. Idealer Kleinhund für eine Familie. Fröhlich, liebt Spaziergänge. Intensive Fellpflege notwendig.

SHIH-TZU: Sehr temperamentvoll, robust, liebenswürdig. Anhänglicher Familienhund.

KING CHARLES SPANIEL: Zurückhaltend gegenüber Fremden. Sonst friedlich, anhänglich und munterer Spaziergänger.

CAVALIER KING CHARLES SPANIEL: Kräftiger Kleinhund, freundlich, leicht erziehbar, angenehmer Haus- und Familienhund, liebt Kinder.

JAPAN-CHIN: Lebhaft, aufmerksam, intelligent, leicht erziehbar, nicht aggressiv. Anpassungsfähiger Wohnungshund.

PAPILLON (ZWERGSPANIEL): Robust, selbstbewußt, fröhlich, intelligent. Leicht erziehbar, anschmiegsam. Guter Wohnungshund.

PEKINESE: Stubenhund, nicht für weite Spaziergänge geeignet. Selbstbewußt, wachsam (bellt gerne), eigenwillig, draufgängerisch. Eher Einmannhund als Familienhund. Anlage zum Tyrannen. Augen- und Fellpflege (Falten!) sind besonders wichtig.

MOPS: Nicht sehr lauffreudig, neigt zu Übergewicht. Ruhig, aber fröhlich, intelligent, leicht erziehbar. Hitzeempfindlich. Augen und Nasenfalte müssen täglich gereinigt werden.

FRANZÖSISCHE BULLDOGGE („SACHER-BULLY"): Anhänglich, wachsam, fröhlich. Mutiger Wächter, aber kein Kläffer. Ein idealer Stadthund, aber kein Stiegensteiger. Kurzatmigkeit, Schnarchen und Hitzeempfindlichkeit gehören leider zur Rasse. Nasenfalte und Augen müssen täglich gereinigt werden.

9. DOGGENARTIGE HUNDE

Diese Rassenlinie entstand aus Jagdhunden. Der heutige Typ entspricht kräftigen, mutigen Kampf- und Schutzhunden. Sie sind durchwegs sehr gutmütig und leicht erziehbar. Der Jagdinstinkt ist fast vollständig verlorengegangen.

BOXER: Charmanter, anhänglicher Familienhund. Absolut zuverlässig im Zusammenleben mit Kindern. Guter Wachhund und Beschützer. Temperamentvoll, aber mit viel Lob gut erziehbar. Genügend Bewegung („Fahrradhund") und Beschäftigung sind nötig.

DEUTSCHE DOGGE: Selbstbewußt, braucht konsequente Erziehung. Pflegeleichter Familienhund, der viel Platz benötigt. Guter Wächter. Ruhig und sensibel, kein Raufer.

DOGO ARGENTINO: Ursprünglicher Jagdhund für Großwild, selbstsicher, kinderfreundlich, mag keine Katzen. Athletischer Hund.

BERNHARDINER: Kräftiger, kinderfreundlicher Hund, der trotz geringem Laufbedürfnis viel Platz benötigt. Besitzt gut ausgeprägten Schutztrieb. Braucht konsequente Erziehung vom Welpenalter an. Kein Stadthund.

ENGLISCHE BULLDOGGE: Geduldig, sehr gutmütig, aber unbestechlich. Braucht liebevolle Zuwendung. Schnauft beim Atmen.

LEONBERGER: Gutmütig, kinderfreundlich, wachsam. Trotz Temperament ruhig und angenehm. Genügend Platz muß vorhanden sein.

HOVAWART: Temperamentvoll, sehr schnell, lernfreudig, wachsam. Guter Schutzhund, der eine leitende Hand braucht.

NEUFUNDLÄNDER: Lebhaft, friedfertig, liebt Kinder. Sehr an seine Familie gebunden, mag keinen Wechsel. Verträgt sich gut mit Katzen. Leidenschaftlicher Schwimmer! Hat Schwimmhäute zwischen den Zehen.

10. TERRIER

Einst Jagdgebrauchshunde. Ihre Schneid ist sprichwörtlich. Sind draufgängerisch, sehr lebhaft und wachsam. Mutig und selbständig. Sie sind aufgrund der oft geringen Größe gut als Familienhunde zu halten. Allerdings haben sie wegen ihres Temperaments ein relativ großes Bewegungsbedürfnis. Alle Terrier benötigen eine konsequente Erziehung.

AIREDALE TERRIER: Wunderbarer Kinderhund, sehr gutmütig, lernfreudig, wachsam. Braucht reichlich Auslauf. Muß getrimmt werden.

BULLTERRIER: Ausgesprochen familienfreundliche Rasse, liebt Kinder und seinen Besitzer hingebungsvoll. Selbstbewußt, willensstark, aber empfindsam. Benötigt konsequente Erziehung ohne unnötige Härte. Von Natur aus guter Schutzhund. Niemals mannscharf abrichten! Rauflust gegenüber Artgenossen.

FOXTERRIER: Intelligent, draufgängerisch und schlau. Ungeheuer lebhaft, braucht viel Platz, Bewegung und Abwechslung. Spielfreudiger Kinderhund, guter Wächter und Jagdhund.

YORKSHIRE TERRIER: Temperamentvoll, voller Terrierschneid. In Luxuskreisen beliebt. Idealer Wohnungshund für die kleinste Stadtwohnung. Manchmal großer Kläffer.

SCOTTISH TERRIER: Ruhiger, angenehmer Haushund. Schläft nach langen Spaziergängen stundenlang zu Füßen seines Besitzers. Abweisend Fremden gegenüber. Wachsam und unerschrocken.

WEST HIGHLAND WHITE TERRIER (WESTIE): Temperamentvoller Hund,

Der Absender dieser Karte unterstützt die
Arbeit von Pro Juventute. Bitte helfen auch Sie uns,
verlassene Kinder glücklich zu machen.

Was nützt
die beste
Erziehung.

Kinder
machen uns
doch
alles nach.

der sehr viel Zuwendung, Auslauf und Beschäftigung braucht, sonst kann er bissig werden. Gut für Kinder geeignet. Sehr lernwillig, macht auch Kunststücke. Sehr selbstbewußt, kein Kläffer oder Raufer.

11. WINDHUNDE

Schnelligkeit war das einzige Zuchtziel für die Windhunde. Sie sind Jäger auf Sicht und haben deswegen keine besonders gut entwickelte Nase. Entdecken sie etwas, das sie hetzen können, sind sie nicht mehr zu halten. Laufen ist ihr Leben, sonst verkümmern sie. Windhundrennen sollten nur als „Freizeitsport" und nicht als „Spitzensport" betrieben werden.

ITALIENISCHES WINDSPIEL: Sehr temperamentvoll, nichts für kleine Kinder. Auch bei beschränkten Wohnungsverhältnissen haltbar. Wachsam, folgt als einziger Windhund auch freilaufend.

Weitere Rassen: AFGHANE, BARSOI, IRISH WOLFSHOUND, SALUKI, SLOUGHI, GREYHOUND, WHIPPET.

12. JAGDHUNDE

Haben ein extrem großes Laufbedürfnis! Für jeden Jagdzweig wurden spezielle Rassen gezüchtet. Viele werden heute als reine Begleithunde gehalten. Bei Jagdhunderassen aus Jägerzuchten ist zu beachten, daß der Jagdinstinkt noch viel stärker ist, als bei jenen von Liebhaberzüchtern. Jagdhunde sind sehr lernfähig, gut erziehbar und auch ansonsten haben sie ein angenehmes Wesen.

VORSTEHHUND: Sucht das Wild, bleibt davor ruhig stehen (typische Vorsteh-Stellung) und zeigt es so dem Jäger. Apportiert. Erfüllt Schweißhundearbeit, das heißt, er verfolgt angeschossenes Wild.

STÖBERHUND: Apportiert, stöbert Wild auf, leistet Schweißarbeit. Hierher gehören die Spaniels. Sie wurden von Züchtern zu Schoßhunden umgezüchtet.

DACHSHUND, (DACKEL, TECKEL): Sehr klug, selbständig, mutig, guter Familienhund, fröhlich, anhänglich. Guter, manchmal lärmender Wächter.

BRACKE, SCHWEIßHUND, LAUFHUND: Diese Meutehunde sind ausgesprochene Jagdhunde, aber sehr familienfreundlich.

DALMATINER: Fröhlich, leicht erziehbar, sehr guter Familienhund. Braucht viel Bewegung.

BASSET HOUND: Meutehund, daher nicht gerne allein. Selbstbewußt und robust. Schwer erziehbar, weil dickköpfig. Ohrenpflege ist wichtig.

BEAGLE: Pflegeleichter, bewegungsfreudiger Hund, der die Gesellschaft von Menschen braucht. Nettes, anhängliches Wesen, beliebter Familienhund. Gehorcht nicht gerne.

DEUTSCH-KURZHAAR, DEUTSCH-LANGHAAR, DEUTSCH-DRAHTHAAR, POINTER: Schnelle, ausdauernde, temperamentvolle Hunde. Nur für Jäger.

GORDON, ENGLISH UND IRISH SETTER: Kontaktbedürftig mit freundlichem Wesen. Gute Jagdhunde. Auch angenehme Haus- und Begleithunde. Brauchen sehr viel Bewegung. Schwimmen gerne. Haaren, brauchen tägliche Fellpflege.

MÜNSTERLÄNDER: Beste Jagdeigenschaften, aber wegen seines freundlichen und ruhigen Wesens bei genügend Bewegung auch als Familienhund zu halten.

GOLDEN UND LABRADOR RETRIEVER: Ruhige, anhängliche, freundliche Familienhunde, die Zuwendung brauchen. Leicht erziehbar, gehorsam und gelehrig. Ausgezeichnete Stöber- und Apportierhunde. Leidenschaftliche Schwimmer (Golden Retriever). Keine Schutzhunde. Ausgesprochen kinderfreundlich, fröhlich, verschmust und anhänglich. Vertragen sich gut mit anderen Heimtieren. Keine Streuner, nie aggressiv, keine Raufer.

COCKER SPANIEL: Anschmiegsam, anhänglich, zutraulich. Zuverlässiger Stöberhund. Beliebter Familienhund, sehr gut auch in der Stadt zu halten. Braucht als ehemaliger Jagdhund viel Bewegung. Manche neigen zum Beißen („Cocker-Wut"). Fressen unwahrscheinlich gerne – Achtung auf die schlanke Linie!

4. Ernährung

Hunde fressen gerne. Nicht nur, wenn sie Hunger haben. Daher kann man sich bei der Ernährung nicht auf ihren Instinkt verlassen. Wer kennt nicht den hinreißenden Bettelblick dieser vierbeinigen Gourmands? Sobald der Mensch etwas Eßbares in der Hand hält, schauen sie ihn an, als hätten sie tagelang nichts mehr zu fressen bekommen.

Hunde sind meist rasche Fresser (Schlinger) und mitunter sogar echte Vielfraße. (Fast jeder Hund kann locker bis zur Hälfte mehr fressen, als ihm bekommt.) Daher ist es für die Gesundheit des Hundes ungeheuer wichtig, daß der Besitzer genau weiß, wieviel Nahrung sein Vierbeiner braucht und wie sie zusammengesetzt sein soll. Ein gesundes Hundefutter enthält die Grundnährstoffe Eiweiß, Kohlehydrate und Fett sowie Vitamine, Mineralstoffe und Spurenelemente im richtigen Verhältnis. Bekommt der Hund dauernd von dem einen oder anderen zuwenig oder zuviel, wird man rasch mit einem übergewichtigen und kranken Tier konfrontiert sein.

Jeder Hund hat Vorlieben und Abneigungen. Das Sprichwort „Was der Hund nicht kennt, frißt er nicht" hat schon seine Richtigkeit. Daher sollte bereits ein Welpe an eine abwechslungsreiche und hochwertige Nahrung gewöhnt werden, damit man es später nicht mit einem zimperlichen Feinschmecker zu tun hat.

Da das Futtermittelgesetz bei uns sogar strenger als das Lebensmittelgesetz ist, ist gegen Fertignahrung in Dosen, Schachteln, Säcken und Schüsselchen nichts einzuwenden. Im Gegenteil. Ungeöffnet kann Dosenfutter nicht verderben, und es ist alles darin enthalten, was der Hund braucht.

Milch ist kein Getränk, sondern ein Nahrungsmittel. Sie sollte, wenn überhaupt, nur stark verdünnt mit Kamillentee angeboten werden. Oft bekommen Hunde davon Durchfall. Das hängt davon ab, ob sie als Welpe Milch bekommen haben. Frisches Trinkwasser hingegen braucht der Hund täglich mehrmals, vor allem, wenn er auch Trockenfutter frißt.

Womit soll ein Hund gefüttert werden?

Auf keinen Fall mit Schweinefleisch. Grundlage jeder Mahlzeit für den erwachsenen Hund sollte gekochtes Fleisch von Huhn, Pute, Kalb oder Rind sein, das man in gulaschgroße Würfel schneidet. Dazu kommen im Verhältnis 1 : 3 abwechselnd gekochter Reis, gekochte Nudeln, gekochte und zerkleinerte Erdäpfel und gekochtes Gemüse oder Getreideerzeugnisse als Rohfaser- und Energielieferant.

Wichtig sind auch Beimengungen von etwas Fett in Form von pflanzlichem Öl (auch Hunde benötigen ungesättigte Fettsäuren) oder Schmalz, Bierhefe, Topfen, Knochenmehl und eventuell Vitamin- und Mineralstoffpräparate in Form von Hundeflocken.

Wenn Sie die Nahrung selbst zubereiten wollen, fragen Sie Ihren Tierarzt nicht nur nach der Menge, sondern auch nach der richtigen Zusammensetzung der Mahlzeiten für Ihren Hund. Was er besonders gerne mag, werden Sie bald herausfinden. Hunde können einem das unmißverständlich mitteilen. Verwöhnen Sie Ihren Liebling aber nicht zu sehr. Einseitige Freßgewohnheiten sind immer ein Problem.

Können Hunde ausschließlich mit Fertigfutter ernährt werden?

Fertigfutter wird nach ernährungsphysiologischen Erkenntnissen hergestellt. Daher hat man es mit einer ausgewogenen Nahrung zu tun, die alle Anforderungen an eine gesunde, artgerechte Hundeernährung erfüllt.

Langzeituntersuchungen von ausschließlich mit Fertigfutter ernährten Hunden haben gezeigt, daß solche Hunde weder an Fettleibigkeit noch an Unterernährung leiden. Sie sind weniger anfällig für Krankheiten, weil ihre Nahrung keine Krankheitskeime enthält und die Infektionsabwehr erhöht ist.

Wer also weder die Zeit hat noch sich die Mühe machen will, für seinen Vierbeiner täglich zu kochen, braucht sich keine Vorwürfe zu machen und sich nicht wie eine „Rabentiermutter" zu fühlen. Wichtig ist nur, daß Sie sich bei dieser Art der Fütterung genau an die Vorschriften bezüglich Menge und Mischung halten.

Was kann die Ursache sein, wenn der Hund gleich nach dem Fressen erbricht?

Vermutlich hat er die Nahrung zu rasch hinuntergeschlungen, oder es war einfach zu viel. Kommt das nur hin und wieder vor, brauchen Sie nicht besorgt zu sein. Am besten ist es, Sie verkleinern die Ration etwas. Erbricht der Hund jedoch häufig, sollten Sie einen Tierarzt zu Rate ziehen (siehe Kapitel 28, Seite 180).

Darf man Hunden Knochen zum Fressen geben?

Leider gilt der Knochen noch immer als die klassische Hundenahrung. Einem Hund zuzusehen, wie er mit Begeisterung, Hingabe und Geschick an einem Knochen nagt und ihn schließlich zerbeißt, mag ein Vergnügen sein, solange alles gut geht und man sich über die möglichen Folgen nicht im klaren ist.

„Mein Hund frißt seit zehn Jahren Knochen, und es ist noch nie etwas passiert", wundern sich Besitzer, wenn ich ihnen die Knochenfütterung ausreden will. Herr und Hund haben eben Glück gehabt. Ich habe schon zu viele Dackel, Pudel und Kollegen mit Darmverschluß (siehe Seite 183) in meiner Praxis behandelt, als daß ich von einer Ausnahme sprechen könnte.

Hunde schlingen alles hinunter, da können

auch größere Knochenstücke dabei sein. Abgesehen davon, daß spitze Splitter Schlund, Magen oder Darm verletzen können, bleiben solche Stücke oft im Darm stecken, können nicht verdaut werden, und es kommt zum gefährlichen Darmverschluß.

Wenn überhaupt, dann sollten Hunde nur weiche Kalbskugelknochen bekommen. Viel besser sind die zähen, aber gut verdaulichen Büffelhautknochen, die man in jeder Tierhandlung kaufen kann. Daran kann der Hund unbeschadet seine Kaumuskeln trainieren.

Wieviel und wie oft darf ein Hund fressen?

Der Kalorienbedarf eines Hundes richtet sich nach seiner Rasse, seinem Alter, seinem Geschlecht, seinem Temperament, dem Gewicht und seiner täglichen Belastung. Ein gemütlicher Mops, der den ganzen Tag genüßlich auf Ihrem Schoß und in seinem Sessel thront, braucht verständlicherweise weniger Futter als ein bewegungshungriger Hirtenhund, der in Ermangelung einer Herde seine Besitzer stundenlang durch die Gegend jagt.

Eine exakte Berechnung wird Ihnen jeder Tierarzt – etwa anläßlich der jährlichen Wiederholungsimpfungen – gerne machen. Halten Sie sich strikt daran, und vergessen Sie nicht, daß hin und wieder dazwischen verabreichte Leckerbissen in diese Menge unbedingt einbezogen werden müssen.

Generell läßt sich sagen, daß ein gutes Fressen beim Welpen aus zwei Drittel Fleisch und einem Drittel Ballaststoffen bestehen soll. Beim erwachsenen Hund aus einem Drittel Fleisch und aus zwei Drittel Ballaststoffen wie Gemüse und Reis – alles in Salzwasser gekocht.

regelmäßige Fütterung

Kleine Hunde bekommen ihr Fressen zwei- bis dreimal am Tag, große nur einmal und das möglichst zur gleichen Zeit. Hunde sind Gewohnheitstiere, ihre Magensaftsekretion stellt sich auf eine regelmäßige Fütterung ein. Egal, zu welcher Tageszeit Sie das Tier füttern, es sollten immer 24 Stunden zwischen den Napffüllungen liegen. So nützt der Hund seine Nahrung am besten aus.

Schadet es dem Hund, wenn er zu dick ist?

Spürt man die Rippen eines Hundes unter dem Fell nicht mehr, wenn man ihm mit der flachen Hand über den Brustkorb streichelt, ist er zu dick. Die ästhetische Frage stellt sich dabei für mich als Tierarzt nicht. Doch sind dicke Hunde wesentlich krankheitsanfälliger als schlanke. Übergewicht führt zu einer Belastung von Herz, Kreislauf, Gelenken und Wirbelsäule.

Zwar machen dicke Hunde ohnedies nicht allzugroße Sprünge, und auch mit der Bewegungslust ist es nicht weit her, doch führt dies wiederum dazu, daß sie noch dicker werden. Da hilft dem Hund nur eines: FDH – friß die Hälfte! Man verabreicht dem Dickwanst sehr hochwertiges, gekochtes Fleisch, aber nur sehr wenig und dazu sehr viel gekochtes Gemüse. Einmal wöchentlich schiebt man einen Fasttag ein (frisches Wasser braucht Ihr Hund trotzdem). Binnen weniger Monate wird er wieder seine gewünschte Hundefasson haben.

Wer sich nicht so viel Arbeit antun möchte oder kann, greift zu einer fertigen Abmagerungsdiät, die man vom Tierarzt mit den entsprechenden Anweisungen bekommt. Wichtig ist es auch, das träge Tier zu mehr Bewegung zu animieren. Vielleicht gibt es einen temperamentvollen vierbeinigen Spielkameraden, der das zustande bringt.

Gibt es fertiges Diätfutter?

Wem es zu mühsam oder unmöglich ist, selbst eine Abmagerungsdiät für den wutzeligen Liebling zu erstellen, hat die Möglichkeit, zu fertigem Diätfutter zu greifen. Es enthält bei niedrigstem Kalorienwert nicht nur alles Lebensnotwendige, sondern schmeckt offenbar auch noch gut, weil es von Hunden gerne gefressen wird.

Noch wichtiger ist es allerdings, daß Hunde, wenn sie krank sind, die richtige Diät bekommen. Oft ist außerdem beides der Fall, weil dicke Hunde auch krankheitsanfälliger sind. Auch dafür gibt es eine Reihe von Fertigfutterdiäten, die schmackhaft sind und als Alleinfutter über einen längeren Zeitraum oder sogar immer verfüttert werden können. Sie gewährleisten, daß die Tiere trotzdem bedarfsgerecht mit den erforderlichen Nährstoffen versorgt werden.

Diätfutter gibt es:

- für Hunde mit mäßiger bzw. stark eingeschränkter Nierenfunktion;
- als Antiallergie-Diät zur Diagnose und Therapie von Futtermittelallergien;
- bei allergisch bedingten Durchfällen;
- bei entzündlichen geröteten Hautveränderungen;
- als Kräftigungsdiät für Tiere mit erhöhtem Energiebedarf wie zum Beispiel vor und nach Operationen, bei Impfungen und Entwurmungen, bei Appetitlosigkeit, Immunschwäche, Rekonvaleszenz, für trächtige und säugende Tiere und für Welpen;
- bei Magen/Darmerkrankungen wie zum Beispiel Durchfall, bei Erkrankungen der Bauchspeicheldrüse;
- für herzkranke sowie für zuckerkranke Hunde.

Die Diätfuttermittel werden entsprechend ihres hohen therapeutischen Wertes nur vom Tierarzt abgegeben. Er kann den Hundebesitzer auf die notwendige Behandlungsdauer sowie weitere therapeutische Maßnahmen hinweisen.

Kann der Hund nur mit Speiseresten ernährt werden?

Nicht alles, was dem Menschen schmeckt und gut tut, ist auch für den Hund bekömmlich. Was nicht heißt, daß man seinem Vierbeiner nicht hin und wieder einen Leckerbissen vom eigenen Teller zustecken darf, wenn er schlank und gesund ist.

Wird der Hund jedoch regelmäßig mit Speiseresten ernährt, die für ihn zu scharf gewürzt sind und sicher nicht das erforderliche ausgewogene Verhältnis von Eiweiß, Kohlehydraten und Fett sowie Vitaminen und Mineralstoffen haben, kann es leicht zu Magen- und Darmbeschwerden kommen. In weiterer Folge werden auch Leber, Niere, Bauchspeicheldrüse und Dickdarm in Mitleidenschaft gezogen.

Magen- und Darmbeschwerden

Generell werden bei einem falsch ernährten Hund die Anfälligkeit für Krankheiten und Infektionen begünstigt, der Übergang von der Infektion zur Krankheit erleichtert und der Krankheitsverlauf erschwert. Der Körper bildet zu wenig oder keine Antikörper, es kommt zu entzündlichen Reaktionen, eventuell zu Ekzemen und Haarausfall.

Ein durch Mangelerscheinungen kränklicher Hund ist appetitlos und trinkt oft zu wenig. Dadurch wird auch der Wasserhaushalt des Tieres beeinträchtigt, und der gesamte Organismus ist schwer belastet.

Was ist schuld, wenn der Hund zu wenig oder gar nicht fressen will?

Verweigert der Hund die Nahrungsaufnahme, hat er meist Probleme mit dem Hals, mit dem Rachen oder den Mandeln (siehe Seite 168). Ist die Appetitlosigkeit mit Durchfall, Erbrechen oder Verstopfung gekoppelt, sollte man raschest den Tierarzt aufsuchen.

Ist keine Erkrankung an der nicht vorhandenen Freßlust schuld, sondern vielleicht nur eine läufige Hündin in der Nähe des sonst gesunden Rüden oder auch mangelnde Bewegung, kann ein flotter Spaziergang wieder den nötigen Appetit zurückbringen. Auch durch Appetitwecker kann man den Hund zum Fressen bringen. Zum Beispiel, indem man etwas Katzenfertigfutter über das Hundefutter verteilt. Manchmal genügt es auch, einfach die Futtersorte zu wechseln.

Kann der Hund nur mit Fleisch ernährt werden?

Ein großer Irrtum bei der Hundeernährung ist die Ansicht, Hunde seien reine Fleischfresser. Mit viel womöglich rohem Fleisch meint man, dem Hund etwas Gutes zu tun. Wird ein Hund aber ausschließlich mit Fleisch ernährt, ist seine Mineralstoffversorgung stark gefährdet. Es kommt zu Verformungen des Knochengerüstes, zu Brüchen und zu Zahnausfall. Das Fell wird struppig und matt, und der Kot ist übelriechend. Dazu können starker Schuppenbefall, Juckreiz, Haarausfall, Gelenkschmerzen, schlechter Muskelzustand sowie Leber- und Nierenerkrankungen auftreten. Das gesamte Krankheitsbild heißt „Nur-Fleisch-Syndrom".

Untersuchungen haben ergeben, daß auch Schlachtabfälle (Schlund, Euter, Pansen, Schweinemagen, Lunge, Leber, Kopffleisch) – ein sehr beliebtes Hundefutter – durch das Fehlen wichtiger Nährstoffe und durch den Mangel an Spurenelementen ohne ergänzende Beigaben keine ausgewogene und bedarfsgerechte Nahrung für den Hund darstellen.

Was sind die häufigsten Fehler bei der Hundeernährung, welche Folgen haben sie?

Hände weg von rohem Fleisch bei der Hundefütterung! Rohes Fleisch sowie roher Fisch und rohe Innereien sind in einigen Fällen sogar eine tödliche Gefahr für das Tier.

Es können sich darin Parasiten und bakterielle Krankheitserreger befinden, die mitgefressen werden. Das trifft besonders auf Schweinefleisch zu, das auch gekocht als Nahrung für Hunde abzulehnen ist.

kein rohes Fleisch

In rohem Schweinefleisch (nur selten auch in rohem Rindfleisch) können Viren enthalten sein, die zur Pseudowut (Aujeszky-Krankheit, siehe S. 136) führen. An dieser Krankheit sterben Hunde binnen 72 Stunden.

Rohe Innereien und rohes Pferdefleisch begünstigen Ekzeme, rohes Wild kann Durchfall zur Folge haben.

Auch zuviele Vitamine und Mineralstoffe sind ungesund. Es kann zu Skeletterkrankungen kommen. Exzessive Zuführung von Vitamin A und D zum Beispiel bewirkt bei Junghunden Entwicklungsstörungen der Knochen. Fragen Sie immer Ihren Tierarzt, bevor Sie dem Tier „etwas Gutes" tun wollen und ihm zum Beispiel ein Multivitaminpräparat verabreichen.

Setzt der Hund sehr viel Kot ab, ist das ein Zeichen dafür, daß die Ernährung nur geringen Wert aufweist und vom Körper nicht genützt werden kann. Der Kot von gut ernährten Hunden ist nicht zu weich und nicht zu hart und mittel- bis hellbraun. Heller bis weißer harter Stuhl stammt von ungesunder, umfangreicher Knochenfütterung.

Futter körperwarm

Das Futter sollte weder zu kalt noch zu heiß, sondern körperwarm angeboten werden. Gelangt es direkt aus dem Kühlschrank in den Hundemagen, kann dies zu einer Entzündung der Magenschleimhaut führen.

Frißt der Hund nicht alles auf – was allerdings in den seltensten Fällen vorkommt –, kürzt man die nächste Ration um das Übriggelassene. Reste in der Schüssel können verderben und dem Hund schaden. Sie müssen auf jeden Fall entfernt und Futter- und Wassernapf immer sauber gehalten werden.

Nach dem Fressen braucht der Hund Ruhe. Man sollte ihn weder zum Spielen noch zum Arbeiten herausfordern und auch keine Gewaltmärsche mit ihm unternehmen. Bei großen Rassen besteht in solchen Fällen sogar die tödliche Gefahr einer Magendrehung (siehe Seite 185).

Wie lange kommt ein Hund ohne feste Nahrung aus und wieviel Wasser braucht er?

Wasser ist der wichtigste Nahrungsbestandteil für den Hund. Am besten stellt man ihm ständig frisches, aber nicht zu kaltes Wasser in Reichweite. Ansonsten sollte der Hund täglich vier- bis fünfmal ausreichend frisches Wasser zu trin-

ken bekommen. Ohne flüssige Nahrungsaufnahme stirbt der Hund nach wenigen Tagen unweigerlich.

Bei Durchfall über einen längeren Zeitraum verliert der Hund sehr viel Flüssigkeit. Es ist wichtig, daß er unter diesen Umständen besonders viel Wasser zugeführt bekommt.

Ohne feste Nahrung hingegen hält er es – ohne nennenswerte Auswirkungen auf seine Gesundheit – eine Woche aus.

Gibt es Hunderassen, die zu viel oder zu wenig fressen?

Ein ausgesprochener Vielfraß unter allen Hunderassen ist der Cocker Spaniel. Diese Rasse versteht es besonders gut, mit unwiderstehlichem Blick und verführerischem Gehabe um etwas Freßbares zu betteln. Trotzdem darf der Hundebesitzer nicht „weich werden". Von seiner Disziplin hängt es ab, ob der Hund schlank und gesund bleibt.

Nicht ganz so schlimm ist die Verfressenheit der Dackel. Aber Zurückhaltung beim Verwöhnen und regelmäßige Gewichtskontrolle sind auch bei ihm empfehlenswert.

Zu Appetitlosigkeit hingegen tendieren Irish Setter und Kleinpudel.

Wann, wie und wogegen tritt eine Futtermittelallergie auf?

Unter Futtermittelallergie versteht man eine plötzlich auftretende Überempfindlichkeit gegenüber bestimmten Nahrungsbestandteilen, die normalerweise anstandslos vertragen werden. Als Allergieauslöser kommt neben Kuhmilch, verschiedenen Eiweißen aus Fleisch (Rind, Schaf, Schwein, Fisch) oder Innereien verschiedener Tierarten auch pflanzliches Eiweiß (Weizen, Mais, Hafer, Kartoffeln usw.) in Frage.

Erkennen kann man eine Futtermittelallergie daran, daß die Symptome – juckendes Ekzem im Bereich von Kopf und Hals, Entzündungen und Schwellungen der Lidbindehäute, symmetrischer Haarausfall, Durchfall – plötzlich und nur bei einem Tier (falls mehrere vorhanden sind) auftreten. Sobald die entsprechenden Futterteile gemieden werden, klingen die Symptome nach drei bis fünf Tagen merkbar ab und verschwinden nach drei Wochen völlig.

Um die Allergie zu erkennen, ist eine langwierige Prozedur notwendig: Man muß eine Liste aller Futtermittel, die der Hund jemals erhalten hat, erstellen. Daraufhin bekommt er ab sofort ein Futter („Eliminationsfutter"), daß er noch nie vorher gefressen hat. Klingt daraufhin die Allergie ab, kann man beginnen, ein Futtermittel nach dem anderen durchzutesten, ob es die Allergie ausgelöst hat, indem man es gesondert eine Zeitlang dem Eliminationsfutter beimengt.

Eliminationsfutter

Sobald die Symptome wieder auftreten, weiß man, was schuld ist, und streicht dieses Futtermittel ein für allemal aus dem Ernährungsplan des Hundes.

Warum fressen Hunde Gras?

Dies ist ein wichtiger Hinweis, daß mit der Zusammensetzung des Magensaftes etwas nicht stimmt. Meist kommt Grasfressen beim Hund in Zusammenhang mit reiner Fleischfütterung vor, die zu einer Übersäuerung des Organismus führt.

Aus Mangel an basischer Nahrung frißt der falsch ernährte Hund manchmal auch seinen eigenen Kot. Übersehen Sie dieses Warnzeichen nicht, und bieten Sie dem Hund zum Ausgleich sofort neben Fleisch auch ausreichend Gemüse (sehr gut sind Karotten), Früchte und doppelkohlensaures Natrium an.

5. Impfung

Um den Hund vor schweren, zum Teil sogar tödlichen Krankheiten zu schützen, muß man ihn unbedingt impfen lassen. Kommt es zu einer Ansteckung, müssen die Tiere sehr leiden oder gehen sogar qualvoll zugrunde. Einen wirkungsvollen Schutz bietet hier nur die Impfung.

Bedauerlicherweise ist noch immer viel zu wenig bekannt, wie wichtig gerade für junge Tiere die Impfung ist. Wenn der Schutz der mütterlichen Antikörper, die der kleine Hund mit der ersten Muttermilch einsaugt, aufhört und die eigene Widerstandsfähigkeit noch in den Kinderschuhen steckt, ist der Welpe einer Infektion gegenüber wehrlos.

Die mütterlichen Schutzstoffe behüten den Welpen gewöhnlich bis zum zehnten Lebensmonat, mit Ausnahme von Parvovirose und Staupe. Daher gibt es einen speziellen Welpenimpfstoff gegen Staupe, der in der sechsten bis achten Woche verabreicht werden sollte (gleichzeitig wird das Tier entwurmt). In der 6. bis 9. Lebenswoche sollte der Hund ebenfalls mit einem speziellen Welpenimpfstoff gegen Parvovirose immunisiert werden.

Das Schutzserum wird jeweils mittels Injektion unter die Haut gespritzt. Die Impfungen sind schmerzlos. Sie werden in den internationalen Impfpaß, den jeder Hundebesitzer anläßlich der ersten Impfung ausgehändigt bekommt, eingetragen.

Spätestens ab der 10. bis 12. Lebenswoche sollten die Welpen gegen alle Infektionskrankheiten, das sind Staupe, Parvovirose, infektiöse Hepatitis, Virus- und Zwingerhusten und Leptospirose (siehe Kapitel 20, Seite 132) grundimmunisiert werden. Diese Impfung wird in der 12. bis 16. Lebenswoche wiederholt. Damit ist die Grundimmunisierung abgeschlossen. Gegen Parvovirose bietet eine mehrmalige aktive Immunisierung innerhalb von drei Monaten einen besseren Schutz.

Da bei der Impfung von kleinen Hunden individuelle Gegebenheiten berücksichtigt werden müssen, sollte man sich nach dem Erwerb des Tieres sofort und vertrauensvoll an einen Tierarzt wenden. Er wird ein spezielles Impfprogramm erstellen, das den jeweiligen Umständen Rechnung trägt.

Die Impfung fordert dem Körper des jungen Tieres einiges ab. Daher ist es wichtig, daß es völlig gesund, entwurmt und in bester Verfassung ist. Ein krankes oder verwurmtes Tier aktiv zu immunisieren, ist bedenklich bis lebensgefährlich. Der Organismus wird völlig überfordert, und es kann zu Dauerschäden (Erblindung) kommen.

Nach der Impfung sollte man jene Zeit – rund zwei Wochen –, die der Körper braucht, um Antikörper zu entwickeln, sorgfältig auf den Hund aufpassen, damit er nicht in diesem noch geschwächten Zustand eine Krankheit erwischt. Jetzt sollte er besonders gut ernährt werden und auf keinen Fall mit fremden Tieren zusammenkommen.

Viele Hundebesitzer glauben nun, damit ihre Schuldigkeit getan zu haben. Dies ist jedoch nicht der Fall. Der Hund muß unbedingt sein ganzes Leben lang jährlich einmal (besser zweimal, weil die Entwurmung keine vorbeugende Maßnahme ist) entwurmt und wieder gegen alle Krankheiten geimpft werden. Länger ist der aktive Immunschutz nicht wirksam. Ich kann gar nicht eindringlich genug dazu aufrufen. Es sollte jedem Besitzer eine innere Verpflichtung sein, seinen Hund jährlich vor Infektionskrankheiten zu schützen. Anhand des Impfpasses können die Termine problemlos überprüft und eingehalten werden.

Jeder Hund, der ins Ausland mitgenommen wird, muß drei bis vier Wochen vor Antritt der Reise gegen Tollwut geimpft werden. Es wird üblicherweise empfohlen, jene Tiere, die in Tollwut-Sperrgebieten und in tollwutgefährdeten Gegenden leben, dagegen zu impfen. Ich bin aus Gründen des Menschen- und Tierschutzes jedoch dafür, daß generell alle Hunde (und Katzen) jährlich gegen Tollwut geimpft werden.

Woran erkennt man, ob ein Hund geimpft wurde oder nicht?

Am Hund selbst ist dies überhaupt nicht festzustellen. Doch bekommt jeder Hundebesitzer bei der ersten Impfung vom Veterinär einen internationalen Impfpaß ausgestellt. In diesen werden

ab nun alle Impfungen eingetragen. Diese Bescheinigung bleibt beim Besitzer und wird bei einem Besitzerwechsel dem neuen Hundeeigentümer ausgefolgt. So sollte es zumindest sein.

Leider gibt es unter Züchtern und Tierhändlern auch schwarze Schafe, die gewissenlos versuchen, mit viel zu jungen und ungeimpften Hunden Geschäfte zu machen. Lassen Sie sich darauf nicht ein, auch wenn behauptet wird, daß alles in Ordnung sei. Gehen Sie davon aus: Ein Hund ohne Impfpaß wurde auch nicht geimpft. Selbst wenn der Impfpaß nur verlorengegangen sein soll, deutet dies ja auch nicht gerade darauf hin, daß es sich um sorgfältige Hundebesitzer handelt.

Läßt es sich nicht nachvollziehen, ob ein Tier geimpft wurde oder nicht, muß die ganze Prozedur, wie oben geschildert, durchgeführt werden.

Welche Funktion hat der internationale Impfpaß?

Der Impfpaß enthält außer Daten, wann, wogegen und womit der Hund geimpft wurde, auch Angaben über den Namen des Hundes, Geburtsdatum, Geschlecht, Rasse, Farbe und besondere Kennzeichen (z.B. Ohrtätowierungsnummer, Narben ...). Natürlich auch den Namen des Besitzers und die Adresse des Tierarztes. Somit ist der Impfpaß so etwas wie ein „Personalausweis" für das Tier, der sorgfältig aufbewahrt und bei jedem Arztbesuch mitgebracht werden muß. Ohne Impfpaß wird es Ihnen zum Beispiel nicht gestattet, mit dem Hund ins Ausland zu reisen.

Was passiert, wenn der Impfpaß verloren geht?

Jeder gute Tierarzt führt über seine Patienten genau Kartei. Sie müssen also jenen Veterinär aufsuchen, der Ihren Hund zum ersten Mal geimpft hat. Aus seinen Aufzeichnungen kann er den Zeitpunkt der Impfungen und die verabreichten Impfstoffe ablesen, in einen neuen

Impfpaß übertragen und mit seiner Unterschrift und seinem Stempel bestätigen. Bei älteren Hunden muß der Zeitpunkt der letzten Wiederholungsimpfung eruiert werden, um den Impfschutz nicht auslaufen zu lassen.

Wann kann der Hund frühestens gegen Tollwut geimpft werden?

10. bis 12. Lebenswoche

Ich bin dafür, daß jeder Hund jährlich gegen Tollwut geimpft wird. Das sollte im Interesse der Menschen und des Hundes eine Pflichtimpfung sein. Das Tier kann bereits ab der 10. bis 12. Lebenswoche gegen diese furchtbare Viruserkrankung geimpft werden. Bei Auslandsreisen muß es drei bis vier Wochen vorher gegen Tollwut geimpft werden. (Es empfiehlt sich unbedingt bei der zuständigen ausländischen Botschaft die speziellen „Hunde-Einreisebestimmungen“ zu erfragen!) In Österreich gehen Sie drei bis vier Tage vor der Abreise zum Amtstierarzt und lassen sich ein amtstierärztliches Gesundheitszeugnis ausstellen. Daraus muß hervorgehen, daß der Hund gesund und frei von ansteckenden Krankheiten ist.

Können Impfungen miteinander kombiniert werden?

Um dem Besitzer den mühsamen und dem Hund den gefürchteten Gang zum Tierarzt öfter als unbedingt notwendig zu ersparen, gibt es auch Kombinationspräparate. Solche Mischimpfungen schützen gegen alle Infektionskrankheiten, gegen die es bereits eine Impfung gibt. Eine Impfung schützt also mehrfach.

Zu bedenken ist dabei jedoch, daß es für den Hund schonender ist, in mehreren Partien geimpft zu werden. Wenn nicht das etwas teurere Kombinationspräparat zum Einsatz kommt, dürfen aus medizinischen Gründen nicht die Einzelpräparate gemischt werden.

6. Entwurmung

Fast in jedem jungen Hund steckt der Wurm. Medizinisch ausgedrückt: Welpen bekommen von ihrer Mutter Spulwürmer mit. Dadurch entwickelt schon das kleine Tier Abwehrstoffe gegen diese Parasiten. Ein einmaliges Überstehen des Befalles bewirkt lebenslange Immunität gegen Spulwürmer.

Weitere Arten sind: Bandwürmer, Hakenwürmer, Peitschenwürmer und Kokzidien. Das typische Merkmal eines stark von Würmern befallenen kleinen Hundes ist der überdimensional aufgetriebene Bauch. Außerdem ist der Hund ausgetrocknet, struppig und abgemagert.

Lassen Sie sich von verantwortungslosen Züchtern und Hundeverkäufern in so einem Fall nicht etwas von „wohlgenährtem Bäuchlein“ einreden. Das Tier ist ganz einfach verwahrlost und sicher sein Geld (auf das allein es solchen Menschen ankommt) nicht wert. Machen Sie das dem Tierhändler eindringlich klar. Wenn Sie aus Mitleid zum Tier zu viel bezahlen, erreichen sie damit nur, daß es den nachfolgenden Hunden genauso schlecht ergeht. Im anderen Fall tragen Sie dazu bei, daß die schwarzen Schafe der Branche merken, daß nur mit gesunden Tieren gute Geschäfte zu machen sind.

Wann können Hunde zum ersten Mal entwurmt werden?

Das erste Mal können Welpen im Alter von drei Wochen entwurmt werden. Um festzustellen, mit welchen Würmern man es zu tun hat, wird der Tierarzt zunächst den Kot des Tieres mikroskopisch untersuchen und anschließend gezielt gegen die ungesunden Parasiten vorgehen.

Nach etwa zwei Wochen wiederholt man die Entwurmung und nimmt wieder eine Kotprobe, diesmal um festzustellen, ob auch wirklich alle Parasiten vernichtet wurden. Bei einer Behandlung können nämlich nur die bereits vorhandenen Würmer vertilgt werden, Eier und Larven, die etwa zwei Wochen für ihre Reifung brauchen, jedoch nicht.

Die Erfahrung zeigt auch, daß verschiedene Wurmarten im Lauf der Jahre gegen die einzelnen Wurmmittel offenbar eine ganz beträchtliche Resistenz entwickelt haben. Daher ist es ratsam, die zwei- bis dreimalige Entwurmung mit verschiedenen Präparaten durchzuführen.

Wie oft müssen Hunde entwurmt werden?

Normalerweise jährlich, am besten in Verbindung mit der jährlichen Wiederholungsimpfung. Sind Kinder im Haus, und ist der Hund ständig in Wald und Wiese unterwegs, empfehle ich jedoch eine halbjährliche Kotuntersuchung und Entwurmung.

Kann die Entwurmung für den Hund gefährlich werden?

Bei kleinen, jungen, schwachen und alten Hunden müssen die Entwurmungsmittel sehr vorsichtig dosiert werden und die Tiere eventuell mit Infusionen unterstützt werden. Ist der Wasserhaushalt nicht in Ordnung, können die abgestorbenen Würmer nicht ausgeschieden werden. Es entstehen Gifte, die zu Krämpfen, neurologischen Erscheinungen und sogar zum Tod führen können.

Hat man so ein kleines Jammerbündel mit aufgetriebenem Bauch erstanden, muß man zuerst

Wasserhaushalt und Ernährungszustand

sein Augenmerk darauf richten, seinen Wasserhaushalt und den Ernährungszustand wesentlich zu verbessern. Auf keinen Fall darf jetzt selbst mit irgendwelchen Wurmmitteln aus der Apotheke experimentiert werden. Es sind dann zwar die Würmer tot, aber vermutlich auch der Hund.

Alte Hunde mit Nieren- oder Leberleiden dürfen, wie junge Hunde, nicht ohne gründliche Voruntersuchung und Erfassung des Gesundheitsstatus entwurmt werden. Bei ihnen wird ebenfalls kein Breitbandwurmmittel eingesetzt, sondern nur gezielt und wohldosiert gegen die vorhandenen Würmer vorgegangen. Ansonsten könnten massive schädigende Nebenwirkungen auftreten.

Können Hundewürmer auch für den Menschen gefährlich werden?

Ich liebe Hunde sehr. Trotzdem finde ich, sollte Tierliebe nicht übertrieben werden. Man kann dem vierbeinigen Hausgenossen seine Zuneigung doch wirklich tiergemäßer mitteilen als durch Küsse. Auch wenn der Hund gerade entwurmt wurde, sollte nicht mit ihm geschmust werden.

Andererseits ist die Übertragung von Spulwurmeiern auf den Menschen zwar möglich, dürfte aber in der Praxis kaum wirklich vorkommen. Auch die Übertragung des Bandwurmes, die ja eines Zwischenwirtes bedarf, ist mir in meiner über 25jährigen Praxis nicht untergekommen. Ich empfehle jedoch ausdrücklich, bandwurmkranke Hunde von Kindern fernzuhalten.

Woran läßt sich erkennen, daß der Hund Würmer hat?

Außer am typischen Wurmbauch bei Welpen erkennt man das eventuelle Vorhandensein von Würmern auch noch an folgenden Merkmalen:

- Der Hund ist blutarm;
- er frißt viel, nimmt aber nicht zu;
- die Hautelastizität nimmt scheinbar völlig unbegründet ab;

- der Hund erbricht;
- er hat einen therapieresistenten Durchfall;
- es kleben reiskornähnliche Gebilde am After (Bandwurm!), die ihn jucken, wobei der Juckreiz nicht durch die dort klebenden Gebilde, sondern durch die aktiv aus dem After austretenden Bandwurmglieder entsteht; die Folge ist,
- er rutscht mit dem Hinterteil über den Teppich („Schlittenfahren").

Wie kann man Wurmbefall vorbeugen?

Füttern Sie den Hund nicht mit Schweinefleisch, weder mit rohem noch mit gekochtem. Auch nicht mit Schaffleisch. Geben Sie ihm keine Innereien und auf keinen Fall rohes Fleisch.

Da Flöhe der Zwischenwirt des Bandwurmes sind – ohne Flöhe kann er nicht übertragen werden –, sollten diese Parasiten auch aus diesem Grund unerbittlich bekämpft werden. Sonst kommt es immer wieder trotz Vertilgung der Würmer zu neuerlichem Befall.

7. Geschlechtsorgane und Fortpflanzung

Hündinnen werden zwischen dem siebenten und dem elften Lebensmonat geschlechtsreif. Die sogenannte Läufigkeit macht sich durch mehrere Faktoren bemerkbar: das Tier wird unruhig, die Scham schwillt an, schließlich tritt eine wässrig-blutige Flüssigkeit aus.

Läufig wird die Hündin normalerweise im Frühjahr und im Herbst für die Dauer von drei Wochen. Bei manchen Rassen sind auch drei Läufigkeiten durchaus üblich. Die beste bzw. die „gefährlichste" Zeit für Nachwuchs – je nach Absicht des Besitzers – liegt zwischen dem 9. und 14. Tag. Ist er unerwünscht, läßt man die Hündin in dieser Zeit nicht allein ins Freie, auch nicht in den scheinbar sicheren Garten und bastelt ihr am besten eine „Hose".

Züchter können den optimalen Zeitpunkt für eine Deckung mittels Schnelltest, Vaginalspiegelung und vaginalzytologischer Untersuchung feststellen lassen, aber auch am Verhalten der Hündin erkennen.

Tritt keine Läufigkeit auf, liegt meist eine Unterfunktion der Eierstöcke vor, tritt sie öfters auf, eine Überfunktion. Beides ist nur bei Zuchthündinnen von medizinischer Relevanz.

Rüden werden im 7. bis 10. Lebensmonat geschlechtsreif. Ab sofort sind sie vorwiegend im Frühjahr und im Herbst wie verrückt hinter läufigen Hündinnen her.

Sie entwickeln dabei eine beträchtliche Phantasie, graben sich, wenn es sein muß, unter Zäunen durch oder springen darüber und laufen ihren Besitzern beim Spazierengehen davon. Eine kleine Vorwarnung, bevor die wilde Jagd losgeht, ist das Verhalten des Rüden: Wenn er den Urin einer läufigen Hündin riecht, schnüffelt er häufig an der Duftmarke, dazwischen hebt er immer wieder den Kopf und starrt wie gebannt in die Ferne. Dabei klappert er merkwürdig mit den Zähnen. Jetzt heißt es die Leine festzuhalten.

Wie verhält man sich, wenn die Hündin läufig ist?

Auf keinen Fall darf man die Hündin in dieser Zeit frei umherlaufen lassen. Passen Sie ganz besonders gut auf sie auf, denn sie wird vor allem in der Zeit der Hochbrunst versuchen auszureißen. Dann wehrt sie Annäherungsversuche von Rüden auch nicht mehr ab, sondern sie reckt ihnen das Hinterteil zu und legt den Schwanz zur Seite.

Sie müssen jetzt ihre Hündin vor einer unerwünschten Deckung schützen und dürfen sich nicht darauf verlassen, daß Besitzer von Rüden auf ihren Hund aufpassen werden.

Ab welchem Alter und wie lange dürfen Hündinnen Junge bekommen?

Hündinnen können mit Eintritt der Geschlechtsreife, also ab dem siebenten Monat, trächtig werden und Junge bekommen. Es empfiehlt sich jedoch, mit der ersten Deckung bis zur dritten Läufigkeit zu warten. Frühestens sollte sie mit eineinhalb bis zwei Jahren zum ersten Mal Junge bekommen, spätestens aber bis zum dritten Lebensjahr. Allgemein formuliert: Die Hündin sollte ihr Wachstum abgeschlossen haben, wenn sie Mutter wird (hier gibt es Rassenunterschiede). Gezüchtet soll höchstens bis zum achten Lebensjahr werden.

Man sollte die Hündin aber nicht bei jeder Läufigkeit zulassen, das entkräftet sie zu sehr. Auch nicht einen kleinen Hund mit einem großen, was gentechnisch durchaus möglich ist, für eine zu kleine Hündin jedoch eine unzumutbare Belastung mit sich bringt. Um ihr Leben zu retten, müßten die viel zu großen Jungen per Kaiserschnitt frühzeitig geboren werden.

Dies nur als Hinweis dafür, daß man sich nicht darauf verlassen soll, daß „ohnedies nichts passieren kann“, wenn ein Rottweilerrüde und eine läufige Dackeldame sich miteinander beschäftigen.

Sind Hündinnen monogam?

Monogame Hündinnen gibt es zwar, doch kommt dieses Phänomen äußerst selten vor. Gelegentlich treten auch Vorlieben für eine bestimmte Rasse als Liebhaber auf. In der Regel jedoch paart sich die Hündin mit jenen Rüden, die zum optimalen Zeitpunkt ihrer Paarungsbereitschaft gerade zugegen sind. Daher können die Welpen auch von mehreren Vätern stammen.

Darf man Hunde während des Deckaktes trennen?

Nach dem eigentlichen Deckakt bleiben Hündin und Rüde oft noch bis zu einer halben Stunde miteinander verbunden. Ursache ist die anhaltende Schwellung des Penis auch nach der Ejakulation. Der Sinn der Sache, die der Fachmann Hängephase nennt: Mutter Natur möchte damit gewährleisten, daß der Samen des Rüden auch wirklich dorthin gelangt, wohin er soll, und nicht vorher wieder aus der Scheide fließt. Klingt die Schwellung ab, lösen sich die beiden Tiere problemlos voneinander.

Hängephase

Leider herrschen über diesen Vorgang vielfach falsche Vorstellungen („Die Hündin hat einen Scheidenkrampf“ usw.), und übereifrige Menschen wollen den Hunden „helfen“, indem Sie versuchen die beiden Tiere gewaltsam zu trennen. Manchmal auch, weil sie meinen, dadurch eine Befruchtung der Hündin verhindern zu können. Unzählige Hundeliebespaare mußten in einer solchen Situation schon kalte Wasserduschen und ähnliche „gutgemeinte“ Quälereien über sich ergehen lassen. Diese brutalen Ein-

griffe in den natürlichen Ablauf haben jedoch höchstens einen Schock und schwere Verletzungen an den Geschlechtsorganen zur Folge.

Schadet es der Hündin, wenn sie trotz Läufigkeit nicht gedeckt wird?

Wer mit seinem Tier nicht züchten will, sollte es kastrieren lassen. Es ist nicht nur für den Besitzer, sondern auch für die Hündin eine Belastung, wenn sie während der Läufigkeit in ihrer Bewegungsfreiheit und auch beim Ausleben ihres natürlichen Triebes eingeschränkt ist. Warum die Hündin immer wieder dieser Belastung aussetzen?

Warum werden Hündinnen scheinträchtig?

Findet keine Befruchtung statt, bildet der Körper eines Tieres normalerweise hormonproduzierende Zellen (im Gelbkörper des Eierstocks), die zur Einnistung eines befruchteten Eies vorsorglich erzeugt wurden, wieder zurück. Diese Gelbkörper bleiben bei vielen Hündinnen jedoch wie bei einer Trächtigkeit bestehen. Die Folgen sind einige Wochen nach der Läufigkeit ein mehr oder weniger starkes Anschwellen des Gesäuges und des Bauchumfanges und die Bildung von sogenannter Hexenmilch.

Hexenmilch

Die scheinträchtige Hündin sucht sogar dunkle Stellen auf, baut sich dort ein Nest und schleppt als Welpenersatz ihr Spielzeug dorthin. Nur mit Mühe kann sie dazu bewegt werden, auf die Straße zu gehen, um ihre Geschäftchen zu verrichten. Die Erscheinungen treten bei jeder Hündin mehr oder weniger ausgeprägt auf. Am besten fragt man den Tierarzt schon bei den ersten Anzeichen um individuellen Rat.

Was passiert, wenn Rüden ihren Geschlechtstrieb nie ausleben dürfen?

Aus sexueller Frustration können Rüden auf alle möglichen Ersatzhandlungen ausweichen. Oft sehen Sie ihren Besitzer oder andere Menschen als Sexualpartner an, umklammern seine Beine und führen Koitusbewegungen durch. Strafen Sie den Hund dafür nicht, er leidet ohnedies genug. Aber weisen Sie ihn zurück.

Aufreiten

Auch das Aufreiten auf andere Rüden ist kein Zeichen von Homosexualität, sondern nur ein untaugliches Mittel, mit den Sexualnöten fertig zu werden. Leidet der Hund sichtlich (er frißt nichts, nimmt ab ...) unter der ständigen sexuellen Frustration, sollte er kastriert werden.

Wie findet man den optimalen Deckrüden?

Gezüchtet soll nur mit absolut gesunden Tieren werden. Der Rüde soll keine angeborenen gesundheitlichen Fehler haben, seuchenfrei, wurmfrei und geimpft sein. Besonderes Augenmerk sollte – vor allem bei großen Hunden – auf den Zustand des Skelettsystems und des Bewegungsapparates gelegt werden.

Ausstellungen, Hundeclubs

Ein guter Ort, um sich nach dem geeigneten Liebhaber für seine Hündin umzusehen, sind Ausstellungen. Aber natürlich auch Hundeclubs und spezielle Rassehundevereine. Dort gibt es Zuchtwarte, die dafür sorgen, daß nur gesunde Hunde und Hunde mit guten Charaktereigenschaften als Freund, Beschützer und Helfer des Menschen fortgepflanzt werden.

Hundeclubs sind auch wertvolle Treffpunkte, um Erfahrungen auszutauschen, neue Freunde für seinen Vierbeiner zu finden und gemeinsame Ausflüge zu unternehmen.

Welches sind bei der Hündin die häufigsten Erkrankungen der Geschlechtsorgane?

Gebärmutterentzündung

Im fortgeschrittenen Alter haben Hündinnen durch Verkühlung, Infektion, Hormonstörungen und jahrelange Verabreichung von Hormonpräparaten (zur Verhinderung der Läufigkeit) sehr häufig eine eitrige Gebärmutterentzündung (Pyometra).

Diese Erkrankung macht sich zunächst durch Apathie, Zunahme des Bauchumfanges und wachsenden Durst sowie blutigen, später blutigeitrigen Ausfluß aus der Scheide bemerkbar. Gehen Sie mit dem Hund sofort zum Tierarzt. Er muß unter Umständen die Gebärmutter und die Eierstöcke sofort entfernen, sonst kommt es zu einem lebensbedrohenden Zustand. Wird nicht sofort operiert, kann der Hund an Blutvergiftung und eitriger Bauchfellentzündung sterben.

Eierstockzysten

Eierstocktumore und Eierstockzysten führen dazu, daß zu viele Hormone produziert werden. Dadurch kann es zu schweren Hormonstörungen wie Störungen der Läufigkeit (Verlängerung) und Erkrankungen des Haarkleides (starker Haarausfall) kommen.

Anhand einer Hormonspiegelbestimmung kann der Tierarzt diese Störungen diagnostizieren und mit einer Kastration (siehe Kapitel 8, Seite 60) beheben.

Durch Wucherungen der Vaginalschleimhaut kommt es zur Polypbildung. Diese können aus der Scheide vorfallen und sind dann als nuß- bis eigroße Gebilde zu sehen. Sie müssen operativ entfernt werden.

Welches sind beim Rüden die häufigsten Erkrankungen der Geschlechtsorgane?

Da der Hund meistens am Boden liegt und oft eine zu lange Vorhaut hat, kommt es durch die Verschmutzung darunter häufig zu einer Infektion und in der Folge zum eitrigen Ausfluß. Spülungen und Verkürzung der Vorhaut können Abhilfe schaffen.

Prostata

Ältere Rüden haben meist Probleme mit der Vorsteherdrüse (Prostata). Es kommt zu einer Vergrößerung, die auf die Umgebung und vor allem auf den Darm drückt. Wird das nicht behoben, hat der Hund größte Schwierigkeiten mit dem Harn- und Kotabsatz. Zunächst wird der Tierarzt versuchen, das Problem mit Hormonpräparaten in den Griff zu bekommen. Ansonsten hilft eine Kastration.

8. Geburtenkontrolle und Kastration

Es gibt einige Möglichkeiten der Empfängnisverhütung. Ich bin aber für folgende klare Lösung: Sollten Sie mit Ihrer Hündin nicht züchten wollen, lassen Sie das Tier kastrieren. Leider gibt es über diese sicherste Form der Geburtenkontrolle noch immer falsche Vorstellungen.

So heißt es zum Beispiel, eine Hündin sollte auf alle Fälle einmal gedeckt worden sein, bevor sie kastriert wird. Es fehle ihr sonst in ihrer Entwicklung eine wichtige Erfahrung. Unsicherheit herrscht vor allem auch im Bezug auf Kastration eines Rüden. Eine medizinische Notwendigkeit ist die Kastration bei Hormonstörungen und bei diversen Erkrankungen der Geschlechtsorgane (siehe Kapitel 7, Seiten 58 und 59). Wenn eine Zuchthündin nicht mehr zur Zucht herangezogen wird, sollte sie ebenfalls kastriert werden. Der beste Zeitpunkt für die Kastration eines Hundes ist im Alter von zwei Jahren, wenn das Tier voll ausgewachsen ist. Ansonsten kann es durch diesen Eingriff zu Wachstumsstörungen kommen. Hündinnen werden sechs bis acht Wochen nach der Läufigkeit scheinträchtig. Daher sollte mit der Kastration zwei bis drei Monate nach der Läufigkeit gewartet werden, bis die Scheinträchtigkeit abgeklungen ist.

Eine ausgewogene, mengenmäßig genau kontrollierte Ernährung mit genügend Ballaststoffen und ausreichende Bewegung verhindern, daß der Hund nach der Kastration dick und träge wird.

Was passiert bei der Kastration?

Bei der Hündin wird diese Bauchoperation unter aseptischen und antiseptischen chirurgischen Bedingungen unter Vollnarkose durchgeführt. Nach sorgfältiger Rasur und Desinfektion der entsprechenden Körperregionen wird der Bauch in der Mitte eröffnet, Eierstöcke und Gebärmutter werden sorgfältig entfernt und die Gefäße abgebunden. Anschließend wird die Wunde vernäht.

Entfernung von Gebärmutter und Eierstöcken

Beim Rüden wird nach der gleichen Vorbereitung ein kleiner Schnitt vor dem Hodensack gemacht, die Hoden werden ausgeschält, abgesetzt und entfernt. Danach wird die Wunde ebenfalls verschlossen.

Entfernung der Hoden

In beiden Fällen wachen die Tiere nach kurzer Zeit auf und können noch am gleichen Tag nach Hause. Für die Hündin empfiehlt sich das Tragen einer „Hose“, die ein bißchen wie ein Mieder wirkt, um dem Bauch Halt zu geben.

Auch beim Rüden empfiehlt sich das Tragen einer „Hose“. Um auf alle Fälle zu vermeiden, daß an der Operationswunde geschleckt oder gar geknabbert wird, sollte der Hund einen Beißkorb oder einen Kragen tragen, bis die Heilung weit genug fortgeschritten ist. Die Tiere dürfen nicht toben oder springen und auch nicht mit anderen Hunden spielen.

Der Hund darf nicht ins Wasser gehen, und man achte darauf, daß er sich nicht gerade in den größten Schmutz legt. Nach vierzehn Tagen können die Nähte entfernt werden. Die Narbe kann nach Rücksprache mit dem Tierarzt eventuell zehn Minuten lang täglich mit einer Wärmelampe bestrahlt und mit Heilsalbe eingeschmiert werden. Das multipliziert die Wirksamkeit der Salbe!

Was bewirkt die Kastration?

Sowohl die Hündin als auch der Rüde sind nach der Kastration nicht mehr fortpflanzungsfähig. Durch die Entfernung der Keimdrüsen können

keine Geschlechtshormone produziert werden. Das hat zur Folge, daß die Hündin nicht mehr läufig wird und dadurch ihre unwiderstehliche Anziehungskraft auf den Rüden verliert.

Der Rüde wiederum verliert seine Aggressivität und Rauflust und die Lust am Streunen, er wird friedlicher und ruhiger. Durch die Kastration steigt die Lebenserwartung beider Tiere wesentlich und gesundheitliche Risiken (Mammatumore, Gebärmuttereiterung und -tumore, Eierstockzysten und -tumore, Prostata- und Hodentumore) werden verringert.

Ist die Kastration des Rüden in jedem Fall empfehlenswert?

Wenn der Rüde ein ruhiges, problemloses Tier ist, ist eine Kastration nicht unbedingt notwendig. Sie sollte hauptsächlich aus therapeutischen Gründen durchgeführt werden. Zum Beispiel, wenn der Rüde sehr aggressiv ist, wenn er zum Ausreißen und Streunen neigt, wenn er durch den Hormonüberschuß unter Ekzemen leidet, wenn er ständig und überall aufreitet, wenn er psychisch so unter seinem unausgelebten Trieb leidet, daß er abmagert, usw.

Hodenhochstand

Manchmal kommt es auch vor, daß der Rüde nur einen Hoden hat (besonders Yorkshire Terrier neigen dazu) – man nennt das Kryptorchismus. Der zweite ist bei seiner entwicklungsgemäßen Wanderung aus dem Bauch in den Hodensack unterwegs steckengeblieben. (Beide Hoden sollten bei einem Welpen im Alter von sechs Monaten im Hodensack sein.) Ein solchermaßen im Körper zurückgebliebener Hoden neigt zu Wucherungen. Außerdem vererbt sich dieser körperliche Mangel. Daher sollte ein solcher Rüde auf jeden Fall kastriert werden. Wobei der zweite Hoden natürlich ebenfalls entfernt werden muß.

Eine Kastration des Rüden beugt auch der in höherem Alter oft auftretenden, aber meist gutartigen Prostatavergrößerung und dem Hodentumor vor.

Welche Methoden der Empfängnisverhütung gibt es noch?

Vorbeugend kann man durch eine Hormonbehandlung die Läufigkeit der Hündin verhindern. Sollte schon eine Empfängnis stattgefunden haben, kann die Trächtigkeit der Hündin ebenfalls durch Hormoninjektionen unterbrochen werden.

Hormonbehandlung

Beide Maßnahmen stellen aber einen Eingriff in den natürlichen Hormonhaushalt des Tieres dar. Meistens kommt es bei wiederholter Hormonbehandlung in der Folge zu einer eitrigen Gebärmutterentzündung (Pyometra, siehe Kapitel 7, Seite 58). Die gleiche Gefahr besteht übrigens, wenn häufig Hormontabletten zur Verschiebung der Läufigkeit verabreicht werden.

Kann eine Hündin kastriert werden, obwohl sie trächtig ist?

Ist eine Hündin ungewollt trächtig geworden, kann sie durchaus noch kastriert werden. Ist die Trächtigkeit noch nicht allzuweit fortgeschritten, also bis etwa zur vierten Woche, unterscheidet sich der Eingriff kaum von einer normalen Kastration. Sind die Jungen jedoch schon gut ausgebildet, ist die Operation wesentlich umfangreicher und dauert auch länger als eine vorbeugende Kastration. Wozu es also erst so weit kommen lassen? Eine rechtzeitige Kastration erspart dem Tier und dem Besitzer unnötige Aufregungen und Komplikationen.

Kann eine Hündin trotz Kastration läufig werden?

Wenn die Eierstöcke nicht sorgfältig und großräumig entfernt worden sind, kann es vorkommen, daß die Hündin trotz Kastration läufig wird. In diesem Fall muß sie noch einmal operiert werden, um die Reste der Eierstöcke, die meist deutlich sichtbar sind, sorgfältig zu entfernen.

Beim Rüden gibt es das Phänomen des Hodenhochstandes (siehe Seite 62). Wird bei der Kastration nicht sorgfältig nach diesem zweiten Hoden gesucht, bleibt er also im Körper des Rüden zurück, kann es ebenfalls zu den typischen Verhaltensweisen eines unkastrierten Hundes kommen.

Der verborgene Hoden kann zwar kein befruchtungsfähiges Sperma, aber Hormone erzeugen, so daß sich das Tier wie ein geschlechtsreifer Rüde verhält. Außerdem neigt ein im Körper zurückgebliebener Hoden, wie schon erwähnt, zu Wucherungen. Da Hodenhochstand erblich ist, sollte mit solchen Rüden nicht gezüchtet und sie auf alle Fälle kastriert werden. Aber sorgfältig!

Können auch ältere Tiere noch kastriert werden? Wie lange soll damit gewartet werden, wenn die Hündin gerade geworfen hat?

Im Prinzip können Hunde in jedem Alter kastriert werden. Je älter aber ein Hund ist, desto schonender muß die Narkose sein.

Rüden kann man jederzeit kastrieren. Hat die Hündin gerade geworfen, läßt man sie die Welpen sechs bis acht Wochen säugen, dann wartet man noch einmal sechs bis acht Wochen, bis sich das Gesäuge ganz zurückgebildet hat. Beaufsichtigen Sie in dieser Zeit die Hündin jedoch gut, damit es nicht zu einer unerwünschten Trächtigkeit kommt.

Was ist eine Sterilisation?

Bei der Sterilisation verbleiben bei der Hündin die Eierstöcke im Körper, entfernt wird nur die Gebärmutter. Dadurch kann das Tier zwar ebenfalls nicht trächtig werden, alle übrigen Begleiterscheinungen der Läufigkeit bleiben jedoch erhalten. Manche Hündinnen neigen nach der Sterilisation sogar zur Dauerläufigkeit, die zu einer eitrigen Entzündung des Gebärmutterstumpfs (Stumpfpyometra) führen kann. Ich sehe also in der Sterilisation absolut keinen Vorteil gegenüber der Kastration.

Was versteht man unter einer Vasektomie?

Hat ein Besitzer eine Hündin, mit der er züchten will, und einen Rüden, der aber als Vater nicht in Frage kommt, kann er bei diesem eine Vasektomie durchführen lassen. Dabei werden Teile der

Samenstränge entfernt und die Enden abgebunden, so daß ein Samenerguß unmöglich ist. Dadurch bleiben jedoch der Hormonhaushalt und damit der Sexualtrieb erhalten. Es bleibt also auch bei den eventuellen unerwünschten Nebenerscheinungen.

teilweise Entfernung der Samenstränge

9. Trächtigkeit und Geburtshilfe

Es gibt so viele Hunde auf dieser Welt – überfüllte Tierheime und Tierschutzhäuser sind auch bei uns der traurige Beweis dafür –, daß sich jeder verantwortungsbewußte Besitzer einer Hündin eindringlich fragen muß, ob er für weiteren Nachwuchs sorgen will. Ich habe schon im Kapitel über die Geburtenkontrolle erwähnt, daß es ein Aberglaube ist, daß Hündinnen zumindest einmal im Leben Junge haben sollen. Medizinische Gründe gibt es dafür jedenfalls nicht.

Ich werde hier nur ganz allgemein über die Trächtigkeit und den Geburtsvorgang bei einer Hündin informieren. Auf alle Einzelheiten einzugehen, die ein erwerbsmäßiger Züchter wissen muß, würde den Rahmen dieses Buches sprengen.

Nur ganz gesunde Hündinnen, die entwurmt und geimpft wurden, dürfen gedeckt werden. Zum erstenmal sollte dies innerhalb der ersten drei Lebensjahre passieren, aber nicht vor der dritten Läufigkeit. Hat der Deckakt geklappt, kann von nun an in 60 bis 65 Tagen mit Nachwuchs gerechnet werden.

Zunächst wird die Hündin ihr gewohntes Leben wieder aufnehmen, vielleicht ein bißchen mehr schlafen als bisher. Nach etwa vier Wochen braucht sie sehr eiweißreiche Nahrung, und es sollte darauf geachtet werden, Aufregungen von ihr fernzuhalten und körperliche Anstrengung zu vermeiden. Ab der sechsten Woche bekommt sie zusätzlich Kalziumtabletten und Vitamine. Nur in den letzten zwei bis drei Wochen besteht ein viel größerer Energiebedarf. Vorher sollte die Hündin gutes, aber auf keinen Fall zuviel Futter bekommen. Nach der Geburt ist der Energiebedarf je nach Welpenanzahl und Milchangebot wesentlich höher.

Die Geburt der Welpen ohne tierärztliche Hilfe sollten sich und der Hündin nur erfahrene Hundebesitzer zumuten. Auf alle Fälle sollte der Tierarzt über die bevorstehende Geburt informiert werden, damit er bei Komplikationen sofort zur Stelle ist.

Woran erkennt man, ob die Hündin trächtig ist?

Zunächst praktisch gar nicht. Erst nach der fünften Woche sind die Föten so groß, daß man es dem Unterleib der Hündin ansieht. Gleichzeitig schwillt das Gesäuge an und wird durch die gute Durchblutung stark rosa.

Nach rund vier Wochen kann der Tierarzt mit vorsichtigem Abtasten oder Ultraschall feststellen, ob der Hund trächtig ist; nach 42 bis 45 Tagen mit Röntgenaufnahmen. Der unkundige Besitzer sollte auf keinen Fall versuchen, den Bauch der Hündin abzutasten. Soweit sie ihm das überhaupt möglich macht, können dabei die Föten abgetötet werden, und es kann zu einer Frühgeburt kommen.

Mit welchen Komplikationen muß während der Trächtigkeit eventuell gerechnet werden?

Wird die Hündin apathisch, hat sie Fieber und einen grünlichen Ausfluß, ist vermutlich ein Junges oder mehrere abgestorben. Das Tier muß sofort zum Veterinär. Mittels Tastbefund oder Ultraschall kann er feststellen, ob die Jungen im Mutterbauch noch leben. Ist dies nicht der Fall, muß sofort operiert werden, um wenigstens das Leben der Hündin zu retten.

Frühgeburt

Durch grobes, unsachgemäßes Betasten des Hundebauches oder durch eine Vergiftung kann es zu einem Abortus (Frühgeburt) kommen. Ein Warnzeichen dafür ist Ausfluß aus der Vagina. In diesem Fall sollte der Hund warm und ruhig gehalten und ebenfalls ein Tierarzt konsultiert werden.

Woran ist der herannahende Geburtstermin zu erkennen?

Ein bis zwei Wochen vor der Geburt läßt die Freßlust der Hündin nach, weil der Bauch voll mit den Jungen ist. Man sollte sie daher mit kleineren Portionen öfters füttern, sie braucht jetzt viel Nahrung. Eine Woche vorher sollte man bei langhaarigen Tieren die störenden Haare rund um Scham und Gesäuge abrasieren.

große Zitzen

Schließlich schwillt die Vulva der Hündin an, und auch die Zitzen werden größer. Wenn man darauf drückt, kommt Milch heraus. Beginnt die Hündin unruhig zu werden, kann in rund 24 Stunden mit der Geburt gerechnet werden. Jetzt braucht die werdende Hundemutter viel Ruhe, jede Panik würde sich auf das Tier übertragen. Schließlich treten Wehen auf, die immer häufiger wiederkommen.

Was braucht eine Hündin zum Werfen?

Wurfplatz

Suchen Sie in der Wohnung einen geeigneten Platz zum Werfen, der frei von Zugluft und ruhig ist. Stellen Sie dort eine Wurfkiste oder -schachtel hin, an die sich die Hündin bereits vor der Geburt gewöhnen soll. Sonst sucht sie sich im letzten Moment einen anderen Wurfplatz. Die Kiste muß so groß sein, daß die Hundemutter ausgestreckt darin liegen kann. Ausgepolstert wird sie mit Papier, über das man saubere Leintücher legt. Die Kiste muß so niedrig sein, daß die Hündin leicht aus- und einsteigen kann, aber hoch genug, so daß die Babys nicht herauspurzeln können und sich dabei verletzen oder verkühlen.

Um den Welpen, die noch nicht imstande sind, ihre eigene Körpertemperatur zu regeln, eine gleichmäßige Temperatur gewährleisten zu können, hängt man in entsprechender Entfernung ein oder zwei Infrarotlampen über das Hundebabyhaus. Oder man legt ein heizbares Kissen hinein.

Wann muß man Geburtshilfe leisten?

Solange sich die Hündin ruhig verhält, braucht sie auch keine Hilfe. Man schaut regelmäßig nach ihr, läßt sie aber sonst in Ruhe. Ist erst einmal ein Welpe geboren, kann es je nach Lage und Größe der Jungen bis zu zwei Stunden dauern, bis der nächste kommt. Wenn Wehenschwäche auftritt, muß der Hundemutter vorsichtig mit eingeölter Hand geholfen werden, die Jungen ans Tageslicht zu befördern. Das geht nur, wenn der ganze Kopf und der Schultergürtel bereits geboren sind. Man ergreift das schon sichtbare Junge äußerst vorsichtig und zieht es nur während einer Wehe sanft und drehend nach unten.

Wehenschwäche

Nach der Geburt jedes einzelnen Jungen reißt die Mutter die Fruchtblase auf, schleckt die Welpen ab und aktiviert so die Atmung. Vernachlässigt die Hündin die Neugeborenen, muß sich der Besitzer um sie kümmern und ihre Atmung mit sanfter Massage des Brustkorbes in Gang setzen. Nach jedem Jungen muß die Nachgeburt kommen, die die Mutter meist auffrißt. Manchmal kommt nach einem Jungen keine Nachgeburt, dafür aber nach dem nächsten zwei. Ist dies nicht der Fall, kann eine Gebärmutterentzündung oder -eiterung auftreten. Informieren Sie den Tierarzt.

Nachgeburt

Wann muß der Tierarzt unbedingt eingreifen?

Bei Rassen mit großem Kopf, wie Bulldoggen oder Möpsen, und wenn der Rüde sehr groß war und der Ultraschall bestätigt, daß auch die Jungen sehr groß sind, ist ein Kaiserschnitt notwendig. Auch Yorkies und Chihuahuas müssen rassebedingt oft per Kaiserschnitt entbunden werden (vor allem bei Einlingsträchtigkeit, die meist auch noch mit einer Wehenschwäche verbunden ist).

Wenn nach der Geburt eines Welpen sehr viel Flüssigkeit kommt, binnen 15 Minuten aber nicht der nächste Welpe, muß auch der Tierarzt verständigt werden. Ebenso, wenn ein Welpe im

Geburtskanal so steckenbleibt, daß der Besitzer selbst der Hündin nicht helfen kann.

Liegt dann die ganze „Bande“ am Bauch der Mutter und saugt friedlich, sollte ebenfalls der Tierarzt gerufen werden. Er verabreicht der Hündin eine reinigende Injektion und kontrolliert, ob Anomalien aufgetreten sind. Einen Tag später wird er noch einmal nachschauen, ob die Gebärmutter in Ordnung und der Scheidenausfluß ohne besonderen Befund ist, ob die Jungen in Ordnung sind und ob sie genug Milch bekommen.

ärztliche Versorgung nach der Geburt

Kupieren

Das Kupieren von Schwanz und Ohren bei bestimmten Hunderassen lehne ich als sinnlose, modische Quälerei generell ab. Und ich bitte jeden Hundebesitzer, von dieser Tierquälerei Abstand zu nehmen.

Wolfskralle

Die Wolfskralle hingegen, die ihre Funktion als „Daumen“ beim Hund verloren hat, sollte vom Tierarzt entfernt werden. Sie kann zu Verletzungen des Muttertieres oder der anderen Welpen führen. Auch kann der Welpe damit hängenbleiben, oder die Kralle wächst überlang, weil sie nicht beansprucht wird. Meist wächst sie dabei halbkreisförmig und drückt auf den Zehenballen oder wächst ein, was für den Hund sehr schmerzhaft ist. Auch viele erwachsene Hunde bleiben bei Spaziergängen mit der Kralle hängen und verletzen sich dabei.

10. Betreuung des jungen Hundes

Allein durch das erste Abschlecken ihrer Neugeborenen kann eine kranke Hundemutter Millionen von Krankheitskeimen auf ihre Jungen übertragen. Welpen können daher nur gesund sein, wenn auch die Hundemutter gesund ist. Sie muß erstklassig ernährt werden und darf weder innen (Würmer) noch außen (Flöhe) von Parasiten gequält werden.

Es gibt keine bessere Nahrung für Hundebabys als die Muttermilch. Wobei die allererste Milch, die die Hündin nach der Geburt abgibt, die sogenannte Kolostralmilch, die wichtigste ist. Mit ihr saugen die Jungen alle Antikörper ein, die die kleinen Hunde vor Infektionen schützen. Will eine Hundemutter ihre Jungen nicht säugen, muß die Kolostralmilch vorsichtig abgemolken und den Jungen eingeflößt werden. Jeder Tropfen ist kostbar. Wenn das Muttertier keine Milch hat, müssen die Welpen mit einer Puppenflasche alle zwei Stunden mit Ersatzmilch gefüttert werden.

Diese Aufgabe und die Betreuung der Welpen in den ersten acht bis zehn Wochen wird in den meisten Fällen beim Züchter passieren. Erst dann dürfen die Jungen von der Mutter und den Geschwistern getrennt werden. Es erfordert sehr viel Wissen und Erfahrung, Hundebabys gesund aufzuziehen. Vor allem aber auch Zeit. Bis zur achten Lebenswoche beschäftigen junge Hunde den Züchter rund um die Uhr.

Was der Welpe in der vierten bis achten Woche nicht lernt, wird er später sehr viel schwerer oder gar nicht lernen. In der sechsten bis zur dreizehnten Lebenswoche sollte man die Welpen an die menschliche Gesellschaft gewöhnen. Werden Hunde in dieser Phase im Zwinger gehalten, können sie nicht lernen, wie man sich unter Menschen und im Haus verhält. Setzt diese Erfahrung und Erziehung erst später ein, können Probleme auftauchen.

Woran ist in erster Linie zu denken, wenn ein Welpe ins Haus kommt?

Entwurmung und Impfung

Zunächst wird der werdende Hundebesitzer an die Gesundheit seines neuen Hausgenossen denken und überprüfen, ob der Hund entwurmt und geimpft ist. Am besten er wandert mit Welpen und Impfpaß gleich zum Tierarzt, um nichts zu versäumen.

optimaler Speiseplan

Meist hat man beim Hundekauf Ernährungshinweise bekommen. Zusammen mit dem Veterinär kann daraus der optimale Speiseplan für das Tier erstellt werden. Denn in der 10. bis 14. Lebenswoche der Welpen werden die Freßgewohnheiten für das ganze Hundeleben festgelegt. Jetzt entscheidet sich, ob er ein heikler oder ein dankbarer Fresser wird. Die Ernährung ist auch der entscheidende Faktor dafür, ob sich das Knochengerüst und die Muskulatur kräftig und normal entwickeln. Auch die „Tischmanieren" des Hundes werden jetzt fixiert. Bei einem Hund, der ständig bettelt, wurde in dieser Zeit etwas falsch gemacht.

Was und wieviel sollen junge Hunde fressen?

Ein junger Hund braucht im Verhältnis zu seinem Körpergewicht wesentlich mehr Nahrung als ein erwachsener, denn er wächst sehr schnell. Eine Dogge zum Beispiel nimmt ab der fünften Woche monatlich etwa drei Kilogramm zu.

Neben hochwertigem und gut verdaulichem Eiweiß brauchen Welpen Fett, Kohlehydrate, Vitamine, Mineralstoffe und Spurenelemente (Kalzium, Phosphor...) und zwar im richtigen, ausgewogenen Verhältnis. Sowohl ein Zuviel als auch ein Zuwenig, zum Beispiel bei den Vitaminen, ist schädlich.

Menü à la carte

Wenn Sie selbst für den Welpen kochen wollen, geben Sie ihm faschiertes gekochtes Suppenhuhn, Putenfleisch oder Rindfleisch. Über eine Woche verteilt darf er zwei gekochte Eier samt Schale (Kalzium!) fressen. Dazu Reis- und Haferschleim, gekochtes Gemüse sowie Nudeln. Lassen Sie ihn zweimal in der Woche an Kalbskugelknochen knabbern, und geben Sie ihm Kalziumtabletten wie vom Tierarzt empfohlen.

Fertigfutter

Ansonsten gibt es sehr gutes, abwechslungsreiches Fertigfutter speziell für Welpen, das nach wissenschaftlichen Erkenntnissen über die Ernährungsbedürfnisse junger Hunde zusammengestellt wird.

Freßrhythmus

Reichen Sie dem Welpen das Futter zunächst dreimal, ab dem sechsten Lebensmonat zweimal täglich am gleichen Platz und zur selben Zeit genau für eine Viertelstunde. Was er dann nicht gefressen hat, erhält er später. Außerhalb seiner Fütterungen bekommt er nichts. So lernt er, nur das zu fressen, was im Futternapf ist. Auch Belohnungen legt man ihm in den Napf. Dadurch vermeidet man, daß er bettelt und auf der Straße Dinge frißt, die ihm schaden können. Zum Trinken bekommt er frisches Wasser.

Wann soll mit der Erziehung des Welpen begonnen werden?

Beginnen Sie mit der spielerischen Erziehung des Welpen an dem Tag, an dem Sie ihn ins Haus holen. Das erste, was man einem Hund beibringt, ist sein Name. Er sollte gut verständlich sein, aber nicht wie ein Befehl oder ein Tadel klingen. Sprechen Sie am Anfang den Namen so oft wie möglich aus, und loben und belohnen Sie den Welpen, wenn er darauf reagiert.

Konsequenz

Wer dem Welpen etwas durchgehen läßt, „weil er doch noch so klein ist“, bereut dies später angesichts eines unerzogenen Hundes ungemein. Seien Sie absolut konsequent, wenn

Sie dem Kleinen zeigen, was er darf und was nicht. Wenn ein Welpe zum Beispiel aus Neugier und Verspieltheit während des Zahnens alles anknabbert, geben Sie ihm jedesmal durch ein scharfes „Pfui“ zu verstehen, daß er das nicht darf. Und bedenken Sie: Je mehr der kleine Kerl beschäftigt und ausgelastet ist, desto weniger wird er sich über Dinge hermachen, die nicht für ihn bestimmt sind. Sein Kaubedürfnis kann man mit geeignetem Spielzeug und einem Kauknochen bestens befriedigen.

Betteln bei Tisch

Wenn der Welpe erfahren hat, daß sein schönstes Betteln bei Tisch nichts nützt, daß niemals ein Brocken für ihn abfällt, dann wird er sich diese Unsitte bald abgewöhnen. Sehr bewährt haben sich hier bei hartnäckigen Hunden angeschnittene Zwiebel oder Zitronen. Hält man sie dem Bettler konsequent jedesmal unter die Nase, wird er bald das Tischbetteln mit diesem unangenehmen Geruchserlebnis verbinden und es sein lassen.

In welchem Alter lernt der junge Hund am leichtesten?

Die ausgeprägteste Lernphase des Hundes ist im fünften und sechsten Lebensmonat. Man sollte ihm jetzt allerdings nichts Neues beibringen, sondern schon Erlerntes vertiefen. Wie zum Beispiel das richtige Gehen an der Leine mit Wenden, Anhalten und Setzen.

fünfter und sechster Lebensmonat

Zugleich ist diese Zeit aber auch sehr problematisch für das Tier. Es ist die Zeit der Einordnung „ins Rudel“. Jetzt erfaßt der Welpe seine Umgebung am stärksten und gewöhnt sich an sie. In diesem Alter sollte man sich keinen Hund ins Haus holen und keinen weggeben, auch wenn es nur für drei Urlaubswochen ist. Der Hund reagiert jetzt auf jede Veränderung überempfindlich, und das kann sich leicht zu einem Dauerschaden entwickeln.

Jetzt entscheidet es sich auch, wer der Herr im Haus ist. Seien Sie liebevoll, aber bestimmt.

Hunde brauchen Autorität. Vermißt er diese, wird er Sie zwar trotzdem lieben, aber mit Ihnen und auch sonst machen, was er will.

Wie macht man Welpen stubenrein?

Dafür brauchen Sie zunächst eines: Zeit! Und viel Geduld. In den ersten zwei bis drei Wochen muß man seinen vierbeinigen Schüler aus diesem Grund ständig im Auge behalten. Zunächst einmal wird er nach jeder Mahlzeit, nach dem Schlafen und manchmal auch während des Spielens (wenn er beginnt, sich im Kreis zu drehen und am Boden zu schnüffeln, nicht zuwarten, bis er sich hinhockt) geschnappt und ins Freie befördert. Verlieren Sie nicht die Nerven und die Geduld, wenn es zunächst im Freien nicht klappt, sondern erst, wenn Sie wieder zu Hause sind.

Wohnung

Während der Nacht wendet man folgenden Trick an: Man legt das Hundebaby in einen Behälter, der so hoch ist, daß es nicht allein hinauskommt, und stellt ihn zu sich ins Schlafzimmer. Kein gesunder Hund beschmutzt sein eigenes Bett, daher wird der Kleine zu winseln beginnen, wenn es soweit ist. Jetzt heißt es allerdings schnell raus aus dem Bett!

Garten und Straße

Haben Sie einen Garten, führen Sie den jungen Hund immer an dieselbe Stelle, damit er sich später ebenfalls diese und nicht wahllos einen Ort seiner Vorstellung sucht. Auf der Straße darf er keinesfalls auf den Gehsteig machen, das wäre rücksichtslos und ist in manchen Städten sogar strafbar. In Kürze werden Sie alle kleinen und größeren Rasenflächen in Ihrer Umgebung, die dafür geeignet sind, ohnedies kennen. Vergessen Sie nicht etwas mitzunehmen, womit sie das große Geschäft hygienisch verschwinden lassen können. In manchen Tierfachgeschäften gibt es dafür eigene Hundesets.

Fordern Sie den Hund jetzt immer mit denselben Worten auf, sein Geschäft zu verrichten. „Mach schön“ wird er dann sein ganzes Leben

als Kommando verstehen. Vergessen Sie nicht, den Hund danach ausgiebig zu loben.

Passiert das Malheur einmal am falschen Platz, muß sofort ein scharfes „Pfui" ertönen. Das Tier mit der Nase in seine Exkremente zu stoßen, ist Tierquälerei. Und auch Geschrei, Aufregung und Klapse verunsichern den Hund nur und verlängern und erschweren den Weg zur Stubenreinheit. Säubern Sie die Stelle mit Desinfektionsmittel, dessen Geruch es dem Hund verleidet, wieder an dieser Stelle sein Geschäft zu verrichten.

Wie werden Hundebabys an Halsband und Leine gewöhnt?

Das Halsband empfindet der Hund zunächst als lästigen Fremdkörper, an dem er ständig kratzen wird, um ihn loszuwerden. Und die Leine empfindet er als Einschränkung seiner geliebten Bewegungsfreiheit. Das wird er Ihnen unmißverständlich durch bockiges Zerren und Sträuben zu verstehen geben. Bleiben Sie hart. Frei laufen darf ein Hund erst, wenn er jeden Befehl seines Besitzers befolgt. Lassen Sie den Hund auch nicht mit Leine und Halsband spielen oder darauf herumknabbern, dadurch verliert er den Respekt davor.

Zunächst wird man dem Welpen das Halsband nur für kurze Zeit anlegen. Womöglich während einer anderen, für ihn lustvollen Beschäftigung, etwa beim Spielen oder beim Fressen. Hat er sich daran gewöhnt, wird die Leine daran befestigt, und die ersten, nur minutenlangen Gehübungen in der Wohnung oder im Garten werden durchgeführt. Zerren nun nicht Sie mit der Leine am Hund, sondern lassen Sie sich von ihm „führen".

Gehübungen

Erst später gibt man dem Hund jedesmal durch einen kräftigen, aber nicht zu groben Ruck an der Leine zu verstehen, daß er sich nicht wie ein Pferd ins Zeug legen soll. Holen Sie ihn mit der Leine zu sich zurück, und lassen Sie sofort wieder los. Dieses Spiel wiederholen Sie solange, bis der Hund kapiert hat, daß er, ohne an der Leine zu ziehen, zu gehen hat. Geben Sie ihm das nicht unmißverständlich zu verstehen, haben Sie bald eine Zugmaschine an der Leine. Trotzdem soll der Hund die Leine nicht als Marterinstrument, sondern als Verbindung zu seinem Menschen verstehen.

11. Verhalten und Verhaltensstörungen

Hunde sind Rudeltiere und brauchen die Gemeinschaft von Menschen. In der Hierarchie ihres Menschenrudels möchten Sie ihren Platz finden. Dabei muß ihnen der Mensch helfen, indem er durch sein Verhalten zeigt, daß er der Herr im Haus ist. Hunde sind Partner des Menschen, mit denen man richtige Freundschaften schließen kann. Man darf jedoch nicht den Fehler begehen, das Verhalten des Hundes mit menschlichen Maßstäben zu messen und ihn überhaupt vermenschlichen zu wollen. Ein Hund soll und will ein Hund bleiben. Er stammt vom Wolf ab und hat dieses genetische Erbe nach wie vor in sich.

Hunde wollen ein treuer Kamerad sein und ihre Emotionen mitteilen, wenn sie sich freuen, wenn sie dankbar sind, wenn sie sich fürchten, wenn sie ein schlechtes Gewissen haben, wenn sie zornig sind. Um das alles auszudrücken, haben Sie eine eigene Sprache, die sich in ihrem Verhalten und in ihrer Körperhaltung ausdrückt. Und Sie brauchen auch die gefühlsmäßige Zuwendung des Menschen, seine Liebe, sein Lob, seine Streicheleinheiten.

Ein Hund hat einen ausgeprägten Schutzinstinkt seinem menschlichen Rudel gegenüber. Er will das gemeinsame Revier schützen gegenüber jedem Fremden, der hereinkommt, und er will seine Familie schützen, besonders die Kinder, von denen er sich sehr viel gefallen läßt.

Verhaltensstörungen beim Hund leiten sich aus prägenden Erlebnissen, aus

Erziehungs- und Behandlungsfehlern durch den Menschen, aber auch aus Verhaltensstörungen beim Menschen selbst ab. Das ungelöste Verhältnis zum eigenen Ich, Probleme im Beruf und im Privatleben – alles wird mitunter auf den Hund übertragen. Das Tier wehrt sich nicht sofort, wenn man sich an ihm abreagiert. Viele Menschen glauben daher, ihr Verhalten hat keine Konsequenz für das Tier. Erst mit der Zeit resultieren daraus Verhaltensstörungen.

Oft wird der Hund auch von Menschen dazu mißbraucht, die eigenen Komplexe, die unerfüllten Wunschträume bezüglich Schönheit, Größe, Kraft und Macht sichtbar zu machen. Motto: Wenn schon ich meiner Umgebung keine Bewunderung, keinen Respekt, keine Angst einflößen kann – durch meinen Hund kann ich es!

Wenn in der Beziehung Mensch und Hund etwas nicht stimmt, dann stimmt meist in der Beziehung dieser Menschen zu anderen Menschen auch etwas nicht.

Wie teilt sich der Hund dem Menschen mit?

Hunde haben – neben dem nicht immer ganz einwandfrei zu analysierenden Bellen – eine ausgeprägte Körpersprache. Allein was der Hund mit dem Schwanz vollführt, ist sehr aufschlußreich. Je nachdem, wie er zum Beispiel mit dem Schwanz wedelt, kann bedeuten: schnell und energisch – ich bin gut aufgelegt; kurzes, langsames Wedeln (wenn er liegt, klopft er mit dem Schwanz auf den Boden) – ich mag dich; ein Schwanz, der erhoben wie ein Scheibenwischer hin und her wedelt – ich weiß noch nicht, was ich mit dir machen soll, ich bin im Zwiespalt; ein zwischen den Beinen eingezogener Schwanz deutet auf Vorsicht bis Angst hin, ein waagrecht ausgestreckter hingegen auf große Zufriedenheit. Um die Sprache des Schwanzes exakt deuten zu können, beachte man aber auch die übrige Körpersprache des Hundes.

Schwanzbewegungen

Denn weitere sensible „Ausdrucksorgane“ des Hundes sind die Ohren, die Augen, die Haare, ja der ganze Körper. Wirft sich der Hund zum Beispiel auf den Rücken, zeigt er Ihnen einerseits, daß er Sie als Herren anerkennt und auch daß er Ihnen vertraut. Wer seinen Hund aufmerksam beobachtet, wird seine ungeheure Palette an Mitteilungen, Aufforderungen und Informationen bald zu deuten, schätzen und als Bereicherung seines Lebens zu genießen wissen.

Wieviel Schlaf braucht ein Hund?

Untersuchungen haben ergeben, daß der Schlaf für Hunde enorm wichtig ist. So kann der Hund zum Beispiel eine Woche ohne Nahrung überleben, ohne Schlaf jedoch höchstens drei Tage. Lassen Sie den Hund daher schlafen, so viel er will.

Tagdöser

Hunde sind Tagdöser. Sie schlafen in Sekundenschnelle ein, sind aber genauso schnell wieder hellwach.

Sicher haben Sie auch schon beobachtet, daß der Hund beim Schlafen mit den Beinen Laufbewegungen andeutet, er seufzt, knurrt und stößt kurze Beller aus. Ein sicheres Zeichen dafür, daß der Hund auch träumt. Wie und warum ist nicht geklärt.

Warum dreht sich der Hund im Kreis, bevor er sich niederlegt?

Hunde schlafen, wenn es nicht heiß ist, gerne zusammengerollt (bei Hitze weit ausgestreckt). So sind sie es von Urzeiten, als sie als Wolf eingerollt in einer Mulde im Freien geschlafen haben, gewohnt. Das Sich-im-Kreis-Drehen vor dem Niederlegen ist für diese Schlafhaltung eine

gymnastische Übung

gymnastische Übung für die Wirbelsäule. Auf diese Art wird sie für das Zusammenrollen zurechtgebogen.

Steht der Hund auf, macht er etwas Ähnliches: das Vorderteil noch am Boden, das Hintergestell bereits erhoben, dehnt und streckt er sich. So bringt er die Wirbelkörper wieder in die Ausgangsposition zurück.

Muß man mit seinem Hund spielen?

Es gibt kaum ein Tier, das so verspielt ist wie der Hund. Für den Welpen ist das Spiel sogar wesentlich für seine Entwicklung. Durch das Spiel lernt er seinen Körper beherrschen, die

Umwelt kennen und seinen Platz in sozialen Beziehungen zu finden – sowohl in Gesellschaft von Hunden als auch von Menschen.

Für den Hund ist es wesentlich besser, wenn er den Gehorsam spielerisch lernt. Je mehr Abwechslung ins Spiel gebracht wird, desto besser wird sich der Hund entwickeln. Wie Kinder wollen Hunde alles mögliche ausprobieren. Hunden, mit denen in dieser Hinsicht zu wenig gespielt wird, die dafür umso mehr dressiert werden, fehlt es später an Selbstsicherheit und guten Nerven, sie können ängstlich und scheu werden.

Ausleben der Angriffslust

Sehr wichtig ist das spielerische Ausleben der Angriffslust mancher Hunderassen. Vor allem Jagd- oder Hirtenhunde, die aber nur als reine Familienhunde gehalten werden, brauchen diese Abreaktion. Haben Sie einen solchen Hund, zum Beispiel einen Terrier, zu Hause, dann sorgen Sie dafür, daß er sich spielend austoben kann. Raufen Sie mit ihm um ein altes, festes Tuch usw. Hat er solcherart seine Angriffslust abreagiert, braucht er nicht hinter Mopedfahrern, Katzen oder anderer beweglicher Beute herzujagen.

Raufen

Bleiben Sie jedoch auch im Spiel für ihren Hund stets der respektierte Rudelführer. Erlauben Sie dem Hund nicht, Sie in die Ferse zu beißen oder seine Beute knurrend und schnappend gegen Sie zu verteidigen.

Warum werden Hunde plötzlich bissig?

Wenn der Hund plötzlich aggressiv und bissig wird, denken Sie in erster Linie einmal daran, ob er Schmerzen haben kann. Eine noch nicht erkennbare, schmerzhafte Erkrankung an Gelenken, Wirbelsäule, Bauch oder Hals kann sehr leicht die Ursache dafür sein. Streichelt nun der Mensch über die schmerzende Stelle, erkennt der Hund ja nicht, daß es sein eigener Körper ist, der ihm Schmerz zufügt, und er beißt die vermeintlich böse Hand, die ihn streichelt.

schmerzhafte Erkrankung

Eitrige Zähne, Schmerzen im Ohr, Tumore im Bauch, eine Wirbelsäulenwucherung, eine Wirbelkörperverschiebung oder eine Bandscheibenverkalkung können wahnsinnige Schmerzen verursachen. Ich habe es oft und oft erlebt, wie solcherart erkrankte Hunde als bissige Biester zu mir gebracht wurden, nach der Operation aber wieder lammfromm und zutraulich die Klinik verließen.

Was kann die Ursache sein, wenn Hunde ihr Geschäft plötzlich auf dem Teppich verrichten?

Hunde sind Gewohnheitstiere. Das bedeutet, daß sie es lieben, wenn alles immer gleichförmig abläuft. Es ist ihnen sogar lieber – so absurd das klingt – wenn sie ständig schlecht behandelt werden als einmal so und einmal so. Unerträglich sind für Hunde launenhafte, nicht vorhersehbare, ständig wechselnde Stimmungen bei seinem Besitzer. Mitunter genügen aber schon kleine Änderungen in den Lebensgewohnheiten des Tieres, und der Hund reagiert mit einer Neurose: er macht auf den Teppich, er beißt den Briefträger, er verbellt die Nachbarin...

Hunde-Neurose

Die meisten Gründe für eine „Hunde-Neurose" liegen beim Menschen. Manche Hunde brauchen mehrere solche Erlebnisse – Ehekrachs, Scheidungen, die Geburt eines Babys, ein Umzug, umgestellte Möbel, der Tod eines Familienmitgliedes, Änderungen im Tagesablauf der Familie, Vernachlässigung des Hundes, eine halbherzige Erziehung, zunehmender Lärm in der Umgebung, ein neues Putzmittel für seine Matratze –, bis sie neurotisch reagieren. Bei manchen genügt ein prägendes Erlebnis.

Den Hund jetzt zu bestrafen, nützt gar nichts. Putzen Sie das Malheur weg, und besprühen Sie den Teppich mit Desinfektionsmitteln, die der Hund „nicht riechen" kann. Wiederholt sich das Problem, wird die Sache kompliziert. Liegt keine Krankheit zugrunde (Blasenentzündung usw.) bedarf es zunächst detektivischer Spürarbeit, bis man der Ursache einer Verhaltensstörung beim Hund auf die Spur kommt. Und dann erfordert es noch mehr Liebe und Geduld, sie eventuell wieder wegzubekommen.

Was muß bei einem Wohnungswechsel beachtet werden?

Normalerweise sollte das ohne Probleme vor sich gehen. Aber sehr ortsgebundene Hunde kann eine Übersiedlung aus der Bahn werfen. Um seine innere Verzweiflung aufzuzeigen, setzt der Hund zum Beispiel an allen möglichen und unmöglichen Stellen in der Wohnung seinen Kot ab.

Nehmen Sie in die neue Wohnung so viele vertraute Gegenstände des Hundes mit wie möglich. Wechseln Sie weder seine Lagerstatt noch seinen Freßnapf. Auch sein gewohntes Spielzeug sollte er an der neuen Adresse vorfinden. Beschäftigen Sie sich besonders viel und liebevoll mit dem Hund. Sehr nervösen Hunden kann der Tierarzt schon vor der Übersiedlung eventuell Beruhigungstabletten verschreiben.

Ist es normal, wenn sich der Hund gerne in stinkenden Abfällen und menschlichem Kot wälzt?

Wollen Sie die Nase Ihres Hundes beleidigen, dann parfümieren Sie sich stark. Umgekehrt nimmt der Strawanzer jedoch nicht die geringste Rücksicht auf Sie, wenn er einen für ihn unwiderstehlichen Geruch aufstöbert: einen Kadaver, verdorbene Essensreste und menschliche Exkremente. Sofort wälzt er sich verzückt in diesen für ihn herrlichen Düften, als wollte er sich für immer damit parfümieren.

Auch ein noch so barsches „Pfui“ wird den Hund nicht davon abhalten, ist er erst einmal diesem Duftrausch verfallen. Da hilft meistens auch die beste Erziehung nichts mehr. Bestrafen Sie den Hund nicht, er kann für diese angeborene Verhaltensweise nichts.

Gibt es auch krankheitsbedingte Verhaltensänderungen?

Selbstverständlich. Eines der schlimmsten Beispiele dafür ist die Tollwut. Sie äußert sich in einer totalen Wesensänderung. Lebhafte Hunde werden plötzlich apathisch und depressiv oder ansonsten recht reizbare extrem freundlich.

Es ist in jedem Fall wichtig, seinen Hund ständig sehr gut zu beobachten und Änderungen in seinem Verhalten zu registrieren. Bei länger andauernden Verhaltensänderungen sollte immer der Tierarzt zu Rate gezogen werden.

12. Erziehung

Hunde sollten konsequent, aber spielerisch und mit viel Liebe und Geduld erzogen werden. Die wichtigsten Hilfsmittel sind Lob und Tadel. Wenn der Hund seinen Besitzer als Herrn anerkennt, wird es ihm ein Bedürfnis sein, ihn zufriedenzustellen. Gut erzogene Hunde profitieren ihrerseits, weil sie überallhin mitgenommen werden.

Die Erziehung beginnt beim Verständnis für die Bedürfnisse, Lebensgewohnheiten, die Psyche, die Rasse und den Lebensrhythmus des Tieres. Sie muß ohne Gewalt und Gehetze und ohne Überbelastung der Seele und des Körpers des Tieres vor sich gehen. Machen Sie dem Tier angenehm, was es tun soll (Lob) und unangenehm (Tadel), was es nicht tun soll. Hunde lernen nur aus der Erfahrung und nicht, weil sie unsere Worte verstehen!

Es hängt von der Konsequenz des Besitzers und von der Lernfähigkeit des Hundes ab, wie lange es dauert, bis der Hund mit Worten (Hier! Sitz! Platz! Bleib! Aus! Nein! Pfui!...) auch einen Sinn verbindet. Wenn Sie Ihren Hund gut beobachten, werden Sie bald bemerken, wo seine Stärken und Schwächen liegen, die bei jeder Rasse anders sind.

Pudel sind sehr gelehrig und daher leicht zu erziehen. Sehr stur sind Bullterrier und die englische Bulldogge, die gerne so tun, als verstünden sie einen nicht. Der elegante Collie lernt gut und ist folgsam. Schnauzer wiederum sind sehr verspielt und nehmen Erziehungsversuche einfach nicht ernst.

Cocker Spaniels nützen jede Schwäche ihres Lehrmeisters aus und brauchen daher eine besonders konsequente Hand. Beagles versuchen sich vor dem Gehorchen zu drücken. Der Retriever hingegen folgt gerne, ebenso der Neufundländer. (Außer es ist Wasser in der Nähe, dann will er hinein.) Viel Lob braucht der Boxer. Der Bernhardiner lernt leicht. Ein Meister im Weghören ist der Dackel...

Das wichtigste bei der Erziehung ist, daß der Hund weiß, was man von ihm will. Er soll ja nicht zur befehlsempfangenden, ferngesteuerten Marionette gemacht werden, sondern zum gut erzogenen Begleiter durchs Leben. Manche Menschen scheinen in ihrem Hund jedoch den zum Ungehorsam entschlossenen Widersacher zu sehen. Sie wollen ihn unterwerfen, anstatt ihn als andersartigen Partner zu akzeptieren. Hunde ordnen sich in ihrem grenzenlosen Vertrauen zum Menschen gerne unter und tun, was von ihnen gewünscht wird – wenn sie es, wie gesagt, verstehen, und wenn sie als Welpen rechtzeitig an menschliche Gesellschaft gewöhnt wurden.

Wie lernen Hunde am schnellsten?

Lob

Die Grundlage jeder guten Erziehung ist das Lob. Hunde haben es gerne, wenn mit ihnen gesprochen wird. Reden Sie daher so oft wie möglich mit Ihrem Hund. Dabei kann er freundlichen und bösen Tonfall sehr wohl unterscheiden. Wollen Sie dem Hund etwas beibringen, sollten Sie für eine spielerische, entspannte Atmosphäre sorgen. Dann wird ihr Hund besonders lernwillig sein. Er möchte Ihnen ja gefallen und ist glücklich, wenn er nach einer Übung gelobt wird.

Loben Sie das Tier während einer Erziehungsübung nur mit Worten. Kraulen würde ihn aus der Konzentration reißen.

Befehle

In einem ganz anderen Tonfall als das Lob sollten Befehle erteilt werden. „Sitz", „Hier", „Bleib" usw. müssen so klingen, daß der Hund sie auch ernst nehmen kann. Sehr schnell verstehen und befolgen Hunde solche Kommandos, wenn man zum Erlernen den günstigsten Zeitpunkt auswählt. Will sich der Hund ohnedies gerade niedersetzen, sagt man „Sitz“ und lobt ihn. Kommt er angelaufen, sagt man „Hier“ und lobt ihn. Dreht sich der Hund im Kreis und will gerade Kot absetzen, rufen Sie „Mach schön“ mit nachfolgendem Lob. Will der Hund gerade aufhören zu bellen, sagen Sie „Still“ und loben ihn.

Ganz scharf ausgesprochen werden tadelnde Worte wie „Nein“ und „Pfui“. Sie müssen genau im richtigen Moment erfolgen, damit der Hund den Zusammenhang erkennt. Stiehlt er ein Stück Wurst vom Tisch, frißt es genüßlich auf, und Sie rufen jetzt erst „Pfui“, versteht er die Welt nicht mehr. Seit wann ist Fressen pfui? „Pfui“ muß es genau in jenem Moment heißen, wenn der Hund das Wurststück gerade erfassen will!

Sehr wirkungsvoll ist es, den Tadel womöglich noch mit einem Geräusch zu unterstreichen. Klatschen, auf den Tisch schlagen. Aber niemals den Hund!

Lernen aus Erfahrung

Bedenken Sie bei allen Ihren Erziehungsmaßnahmen, daß die menschliche Logik und die des Hundes (soweit man davon sprechen kann) grundverschieden sind. Hunde lernen aus der Erfahrung und nicht, weil sie uns verstehen. Berücksichtigen Sie dies unbedingt, sonst erreichen Sie womöglich das Gegenteil. Ein Beispiel: Läuft der Hund davon und kommt auf mehrmaliges „Hier“ nicht zu Ihnen, darf er trotzdem nicht bestraft werden, wenn er schließlich doch angetrottet kommt. Schlucken Sie Ihren Ärger hinunter und loben und tätscheln Sie ihn. Sonst kombiniert der Hund: Weglaufen ist gut, da passiert mir nichts; Zurückkommen ist schlecht, da ist das Frauchen böse!

Was muß ein Hund alles können?

Der Hund muß stubenrein sein und sich melden, wenn er hinaus will, um sein Geschäft zu verrichten. Er darf keine Einrichtungsgegenstände zerbeißen und nicht auf das Bett springen, wenn

dies nicht erwünscht ist. Auf Freunde des Hauses, die zu Besuch kommen, sollte er nicht aggressiv reagieren.

Im Freien muß der Hund auf Zuruf zurückkommen, muß, ohne zu ziehen, an der Leine gehen können und zwar dorthin, wohin sein Besitzer es will, und an den Beißkorb gewöhnt sein. Er muß die Kommandos „Hier“, „Sitz“, „Bleib“, „Los“, „Lauf“, „Platz“ und „Schluß“ oder „Aus“ anstandslos befolgen. Auch das Über-die-Straße-Gehen muß er lernen. Er sollte Menschen nicht zur Begrüßung anspringen und nicht die Gehsteige beschmutzen.

Wesentlich bei der ganzen Erziehung ist, daß der Hund Sie als Herren anerkennt. Dem Überlegenen gehorcht er bereitwillig, dem Unterlegenen nie.

Was darf ein Hund auf keinen Fall?

Wenn der Hund nach seinem Besitzer schnappt oder beißt, ohne daß eine schmerzhafte Krankheit vorliegt (siehe Kapitel 11, Seite 81), nur um ihm zu zeigen, daß ihm etwas nicht paßt und wer der Herr im Haus ist, dann hilft nur eines: Packen Sie ihn an der Haut im Genick und beuteln Sie den Hund sofort ordentlich.

Dann wiederholt man die Situation von vorhin. Beißt der Hund jetzt nicht mehr, wird er über alles gelobt. Beißt er hingegen wieder, fängt das Ganze von vorne an.

Beuteln als Bestrafung

Beuteln entspricht der Bestrafung, die dem Rangniedrigeren vom Ranghöheren in einer Hundemeute zugefügt wird.

Das gilt jedoch auf keinen Fall für Welpen und sehr junge Hunde. Kann jemand einen Hund nicht beherrschen, muß er ihn weggeben. Er braucht Hände, die es verstehen, mit solchen Hunden umzugehen. Bleibt der Hund auch beim neuen Besitzer ein Beißer, muß er eingeschläfert werden.

Wie gewöhnt man verhaltensgestörten Hunden das Beißen ab?

Verhaltensgestörte Hunde aus dem Tierschutzhaus, sogenannte Angstbeißer, müssen langsam ein Vertrauensverhältnis zu ihrem neuen Besitzer aufbauen. Am besten geht dies über die Nahrungsaufnahme. Dabei dürfen Sie natürlich selbst kein ängstlicher Mensch (in diesem Fall hätten Sie sich niemals einen solchen Hund nehmen dürfen) sein, sonst wird die Übung nicht gelingen.

Füttern aus der Hand

Füttern Sie das verängstigte Tier jeden Tag nur einmal zur selben Zeit und Stück für Stück – aus der Hand. Während Sie beruhigend und lobend auf den Hund einsprechen, muß er das Futter kleinweise vom offenen Handteller nehmen. Beginnen Sie mit der Zeit, ihn dabei zu streicheln und zu kraulen. So bauen Sie mit dem Hund langsam aber sicher ein Vertrauens- und Freundschaftsverhältnis auf. Wenn Sie dies mit Konsequenz, Geduld und Liebe mehrere Monate(!) durchhalten, ist diese Methode zu einem hohen Prozentsatz erfolgversprechend.

Kann dem Hund abgewöhnt werden, an Menschen hochzuspringen?

Nicht jedem gefällt es, wenn ein Hund ihm seine Pfotenabdrücke auf der Kleidung hinterläßt, die Seidenbluse ansabbert, die Strümpfe mit Laufmaschen versieht und ihm vor Freude übers Gesicht schleckt.

konsequentes Vorgehen

Wehren Sie einen jungen Hund mit der Hand ab, und sagen Sie tadelnd „Pfui“ oder „Nein“. Und gleich darauf „Sitz“. Nun loben und kraulen Sie den Hund ausgiebig und lenken seinen Bewegungsdrang spielerisch in andere Bahnen. Bei einem großen Hund im fortgeschrittenen Alter, der sich dieses Begrüßungsritual schon angewöhnt hat, müssen Sie energischer vorgehen. Packen Sie das Tier, wenn es an Ihnen hochspringt, bei den Vorderpfoten, und lassen Sie es auf den Boden fallen. Dazu wieder ein scharfes „Pfui“ oder „Nein“ und das nachfolgende „Sitz“ mit Kraulen und Loben.

Bitten Sie auch andere, das Hochspringen nicht zu erlauben, sonst bleibt Ihre Mühe ohne Erfolg.

Dürfen Hunde alleingelassen werden?

Ich bin dagegen, daß ein Hund bei Berufstätigkeit des Besitzers tagsüber ständig alleingelassen wird. In diesem Fall sollte man sich keinen Hund anschaffen. Das heißt aber nicht, daß Hunde nicht hin und wieder alleingelassen werden dürfen. Man muß es ihnen nur liebevoll beibringen. Logischerweise wird man mit dem Alleinlassen-Lernen erst beginnen, wenn der Hund stubenrein ist und gewisse Kommandos bereits versteht.

Alleinlassen-Lernen

Bringen Sie ihn zunächst nur in ein anderes Zimmer, geben Sie ihm etwas zu spielen oder seinen Knochen, und sagen Sie deutlich „Bleib!“. Sie selbst verlassen das Zimmer und schließen hinter sich die Türe. Beginnt der Solist jetzt zu winseln und an der Tür zu kratzen, sagen Sie laut „Aus“, gehen aber auf keinen Fall sofort hinein zu ihm, sondern erst nach etwa fünf Minuten, dann loben und kraulen Sie ihn.

Verlängern Sie diese Intervalle je nach Bereitschaft des Hundes. Entfernen Sie sich außerdem immer weiter von diesem Zimmer und schließlich aus der Wohnung. Gewonnen haben Sie, wenn Sie zurückkehren und der Hund liegt friedlich auf seinem Lieblingsplatz oder beschäftigt sich mit seinen Spielsachen. Es gibt jedoch Hunde, die sich nicht vom Heulen abbringen lassen.

Soll man mit dem Hund auf den Abrichteplatz?

Die Bezeichnung „abrichten“ würde ich gerne aus dem Vokabular der Mensch-Hunde-Beziehung streichen. Hunde sollen erzogen, aber nicht abgerichtet werden. Normalerweise können Sie und Ihr Hund die Grundbegriffe der Hundeerziehung in diesen Hundeschulen rasch erlernen, ohne gröbere Fehler zu machen. Außerdem gewöhnt sich Ihr Hund daran, sich von Artgenossen nicht ablenken zu lassen. Die Aufgaben fördern seine Lern- und Konzentrationsfähigkeit. Erziehen müssen Sie den pelzigen Schüler trotzdem im täglichen Zusammenleben zu Hause.

Dürfen Hunde scharf gemacht werden?

Ein Hund, der seinen Besitzer liebt, verteidigt ihn auch. Sicher gibt es Rassen, die das gar nicht können, aber die meisten Hunde haben einen angeborenen Schutztrieb. Dieser läßt sich natürlich durch Training bis ins Extreme steigern. „Mannscharfe" Hunde, die ständig auf Gehorsam trainiert werden und nicht täglich stundenlang beschäftigt und bewegt werden, sind extrem gefährlich und sollten maximal als Berufshunde eingesetzt werden!

Erwartet man sich privat Schutz von seinem Hund, sollte man sich eine Schutzhunderasse kaufen, ohne allerdings das Tier scharf zu machen. Mannscharfe Hunde in Privatbesitz sind nicht im Sinne der Hundehaltung und daher abzulehnen!

13. Reisen mit und ohne Hund

Wer viel unterwegs ist und seinen Urlaub vorzugsweise im Ausland verbringt, tut gut daran, sich vor der Anschaffung eines Vierbeiners sehr ernst und gewissenhaft zu überlegen, ob er Hund und Reiselust unter einen Hut bringt. Den Hund für längere Zeit allein in der Wohnung einzuschließen, wo ihn nur morgens und abends jemand für ein paar Minuten auf die Straße führt und füttert, halte ich für unverantwortliche Tierquälerei. Es ist auch zu erwarten, daß der Hund Ihnen in dieser Zeit die Wohnungseinrichtung aus Langeweile zerbeißt und verwüstet.

Überlegen Sie, wer aus Ihrem Verwandten-, Freundes- und Bekanntenkreis geeignet wäre, für Sie dieses Problem zu lösen. Ideal sind in so einem Fall tierliebende Freunde, die aus verschiedenen Gründen selbst keinen Hund anschaffen können, sich aber freuen, für Tage oder ein paar Wochen ihren treuen, vierbeinigen Kameraden in Pflege zu nehmen.

Der Hund sollte schon geraume Zeit vorher genügend Gelegenheit bekommen, seine zeitweiligen Adoptiveltern kennenzulernen. Langsam kann die Dosis von Besuchen tagsüber auf eine Übernachtung ausgedehnt werden. Akzeptiert das Tier sein Ausweichquartier – wo er seine gewohnten Utensilien, wie Schlafplatz, Spielzeug usw., vorfinden soll – auch für längere Zeit anstandslos, steht Ihrem Urlaubsvergnügen nichts mehr im Weg. Bitten Sie nur die

Pflegeeltern Ihres Vierbeiners, daß sie ihn nicht aus lauter falsch verstandener Liebe in der Zeit Ihrer Abwesenheit überfüttern. Auch jetzt muß er zu den gewohnten Zeiten sein genau dosiertes Futter bekommen.

Bei Reisen mit dem Auto oder mit der Bahn kann der Hund nach entsprechender Vorbereitung ruhig mitgenommen werden. Bedenken Sie aber eines: Klimaänderungen, fremde Umgebung, lange Fahrten und Flüge sind in jedem Fall eine Belastung für das Tier. Sie wird nur dadurch akzeptabel, weil der Hund mit seinem Besitzer zusammenbleiben kann.

Wie wird der Hund an das Autofahren gewöhnt?

Im allgemeinen bereitet es keine Probleme, den Hund mit dem Autofahren bekanntzumachen. Die meisten Hunde entwickeln sogar eine wahre Autofahrleidenschaft und flitzen in den Wagen, kaum wird die Tür geöffnet.

Haben Sie das Gefühl, ihren Liebling erst langsam an das Autofahren gewöhnen zu müssen, setzen Sie ihn zunächst ins geparkte Auto, und füttern Sie das Tier mit ein paar Leckerbissen, um es an diese Umgebung zu gewöhnen. Danach kann der Motor angelassen werden, um den Hund auch mit diesem Geräusch vertraut zu machen. Schließlich nimmt man das Tier hin und wieder zu einer kleinen Spazierfahrt oder zum Einkaufen mit. Sprechen Sie während der Fahrt beruhigend mit dem Tier, und loben Sie es. Ebenso nach der Heimkehr, wo es gestreichelt und mit speziellen Leckerbissen verwöhnt wird.

der richtige Sitzplatz

Ein kleiner Hund gehört hinten auf die Fußmatte hinter dem Beifahrersitz, ein großer immer auf den Rücksitz oder auf die Ladefläche eines Kombis. Um zu verhindern, daß der Hund nach vorne klettert oder bei einer scharfen Kurve oder Notbremsung nach vorne katapultiert wird, bringt man ein Schutzgitter oder Hundenetz an, welches im Fachhandel zu bekommen ist. Auf die unmenschliche Idee, sein Tier im Kofferraum transportieren zu wollen, wird wohl hoffentlich niemand kommen.

Vorsicht beim Öffnen der Autotüre. Der Hund gehört vorher an die Leine genommen, sonst stürmt er ins Freie und womöglich vor das nächste Auto. Das richtige Verhalten beim Aus- und Einsteigen gehört übrigens zum Erziehungsprogramm des Hundes.

Können auch Hunde reisekrank werden?

Manche Hunde vertragen das Autofahren überhaupt nicht. Die leichteste Form der Reisekrankheit äußert sich bei ihnen durch Unruhe und vermehrtes Hecheln. Neigt der Hund jedoch zu starken Unruheerscheinungen wie Hecheln, Speicheln und Erbrechen, müssen Sie vor der nächsten Fahrt den Tierarzt konsultieren. Er kann Ihnen in beiden Fällen die entsprechenden Mittel verschreiben.

Was ist zu beachten, wenn die Fahrt mit dem Auto länger dauert?

Pausen einlegen

Machen Sie bei weiten Fahrten mit dem Auto etwa alle drei Stunden eine längere Pause. Steigen Sie aus – das tut auch Ihnen gut –, und geben Sie dem Hund zu trinken. Jetzt hat er auch die Möglichkeit, sich zu bewegen und sein großes oder kleines Geschäft zu verrichten.

Achten Sie während der Fahrt darauf, daß der Hund nicht den Kopf durch das geöffnete Fenster ins Freie steckt. Die Zugluft bekommt ihm ganz sicher nicht, und ein kranker Hund am Ziel ist die Folge.

Vorsicht bei alten Hunden. Sie vertragen große Hitze nur sehr schlecht.

Darf der Hund allein im Auto bleiben?

In den Sommermonaten darf ein Hund niemals allein und bei geschlossenen Fenstern im Auto zurückbleiben. Viele Autofahrer vergessen zum Beispiel, daß die Sonne wandert. Sie stellen das Auto an einem schattigen Platz ab und gehen weg. Kommen Sie zurück, prallt die Sonne auf den Wagen. Ich kenne Fälle, wo der Hund nach einer halben Stunde im überhitzten Auto qualvoll gestorben ist.

Sind Sie viel im Auto unterwegs, und ist der Hund immer bei Ihnen, dann sollten Sie sich ein einbruchsicheres Fenstergitter anbringen lassen. (Es hindert den Hund zugleich daran, während der Fahrt den Kopf aus dem offenen Fensterspalt zu halten und sich eine Lidbindehaut- oder Halsentzündung oder Schlimmeres zu holen.) Lassen Sie den Wagen samt lebender Fracht trotzdem nur an einer überdachten Stelle stehen und nur für wirklich kurze Zeit allein.

Fenstergitter

Was muß mitgenommen werden, wenn der Hund mit auf Urlaub fährt?

Impfpaß

Vergessen Sie erstens nicht, sich rechtzeitig zu erkundigen, ob in Ihrem Urlaubsquartier Hunde überhaupt willkommen sind. Zweitens dürfen Sie auf keinen Fall den Impfpaß vergessen, wenn Sie auf der Reise eine Auslandsgrenze passieren wollen. Erkundigen Sie sich mindestens acht Wochen vor Antritt der Reise bei Ihrem Tierarzt, beim zuständigen Konsulat, bei den Autofahrerklubs oder bei Ihrem Hundeklub, welche Ein- und Ausreisebestimmungen für Hunde in Ihrem Urlaubsland bestehen. Die meisten Länder verlangen eine Tollwutimpfung, die mindestens drei Wochen zurückliegen muß, aber nicht länger als ein Jahr zurückliegen darf.

Tollwutimpfung

In England, Irland, Schweden, Norwegen, Finnland und Zypern ist eine mehrmonatige Quarantäne vorgeschrieben. Manche Länder (Malta, Australien, China, Jamaica) verbieten die Einreise überhaupt.

Bei Reisen mit dem Auto nimmt man die Futter- und Wasserschüssel mit. Auf alle Fälle aber gehört das Lieblingsspielzeug mit ins Reisegepäck. Je nach Urlaubsziel empfiehlt es sich sogar, einen größeren Vorrat an Fertigfutter, das der Hund gewohnt ist, einzupacken. Außer Sie sind sicher, daß es diese Sorte an Ihrem Ferienort zu kaufen gibt.

Lieblingsspielzeug

Soll der Hund auf Flugreisen mitgenommen werden?

kleine Hunde als Handgepäck

Wenn Sie vorhaben, für sehr lange Zeit oder überhaupt für immer ins Ausland zu reisen, wird man den Hund natürlich auf jeden Fall mitnehmen wollen. Bei kleinen Hunden ist dies überhaupt kein Problem. Er kann in einer Tragtasche in den Passagierraum mitgenommen werden. Allerdings sollten Sie frühzeitig buchen und auf das Tier hinweisen, da in jede Maschine nur ein Hund darf.

Boxen für große Hunde

Problematisch wird die Sache nur bei großen Hunden – nicht aus technischer Sicht. Jede Fluggesellschaft nimmt große Hunde in einer speziellen Box im Frachtraum mit. Das aber ist der kritische Punkt: Im Frachtraum ist es erstens in entsprechender Höhe sehr kalt, und der ungedämpfte Lärm des Flugzeugmotors macht vor allem sensible Hunde verrückt. Eine solche Fahrt ohne Schock und unbeschadet an der Seele zu überstehen, schafft fast kein Hund. Sprechen Sie mit Ihrem Tierarzt über die Möglichkeit von Beruhigungsmitteln.

Wie transportiert man Hunde in öffentlichen Verkehrsmitteln und in der Eisenbahn?

Beißkorb

Gut erzogene Hunde können problemlos mit Autobussen, der Straßenbahn und im Zug transportiert werden. Kleine Hunde können in einem verschließbaren Korb oder in einer Tasche ohne Fahrkarte mitgenommen werden, größere Hunde müssen an die Leine und vor allem einen Beißkorb tragen. Auch müssen Sie eine Fahrkarte für ihn lösen. In der Bahn legen Sie eine große Decke vor sich auf den Boden. Bei etwas längeren Aufenthalten kann man mit dem Hund auch kurzfristig aus dem Zug steigen. Bei längeren Fahrten braucht man ein Wassergefäß. Erkundigen Sie sich jedoch auf alle Fälle bei der Eisenbahngesellschaft nach allfälligen Vorschriften.

Soll man Hunde in eine Hundepension geben?

Wenn es keine andere Möglichkeit gibt (Verwandte, Freude, Nachbarn), ist dies sicher eine mögliche Lösung. Schauen Sie sich die in Frage kommende Pension aber nicht zu spät an, und überzeugen Sie sich von der dortigen Betreuung. Allein der Geruch an so einem Ort kann schon sehr aufschlußreich sein! Wie sehen die Tiere aus, die hier untergebracht sind? Gibt es einen genügend großen Auslauf mit schattenspendenden Bäumen usw. Fragen Sie, wie die Tiere beschäftigt, wie sie gefüttert werden usw. Schauen Sie sich die Unterbringung kritisch an: ist sie sauber, klimatisiert?

kritische Überprüfung

Erkundigen Sie sich auch bei Ihrem Tierarzt und beim Tierschutzverein nach eventuellen Empfehlungen oder Erfahrungen. Ich habe leider schon von unseriösen Praktiken gehört, so daß Besitzer ihren Hund anschließend kaum wiedererkannt haben. Denken Sie an die Ansteckungsgefahr, und überprüfen Sie im Impfpaß Ihres Hundes, ob der Schutz noch ausreichend ist.

Informationsliste für den Betreuer

Stellen Sie Ihrerseits für die Betreuer in der Pension eine Liste mit den wichtigsten Angaben über Ihren Hund zusammen: Name, Alter, Gewicht, Gewohnheiten, Tagesablauf, eventuelle Diät, Auslaufbedarf, Krankheiten, Medikamente, die er benötigt, was er nicht verträgt und die Adresse seines Tierarztes.

Bedenken Sie aber auch, daß besonders sehr verwöhnte Hunde sich über den Aufenthalt in einer fremden Umgebung so kränken können, daß sie mit Depressionen reagieren. Sie verkriechen sich, werden apathisch, interesselos, bekommen Durchfall und erbrechen. Mit Beruhigungsmitteln lassen sich solche psychosomatische Erscheinungen nur für die Dauer der Wirkung der Arznei bekämpfen. Sie verschwinden erst wieder, wenn der Normalzustand für das Tier wiederhergestellt ist. Im allgemeinen dauern solche Eingewöhnungsprobleme aber nur ein bis drei Tage.

14. Der alte Hund

Wenn der Hund beginnt, länger und länger zu schlafen, wenn er beim Geräusch seiner Leine, bei dem er früher wie der Blitz aufgesprungen und zur Stelle gewesen wäre, nur kurz und verschlafen blinzelt, wenn er zum Spaziergang erst lange gebeten werden muß, wenn er sich nach dem Dauerdösen vorsichtig erhebt und mühsam dehnt und streckt – dann wird er alt.

Mit wieviel Jahren die Energien nachlassen, ist von Hund zu Hund, von Rasse zu Rasse verschieden. Der älteste Fall in meiner Praxis war bis jetzt ein neunzehnjähriger Hundeopa, ein frecher Dachsbracken-Bastard.

Alles, was für die Gesunderhaltung eines Hundes im allgemeinen gilt, trifft für den Hundesenior in erhöhtem Ausmaß zu. Die Gefahr, daß er dick und dadurch krank wird, ist jetzt besonders groß. Daher braucht er wenig, aber hochwertiges Futter, sehr ballaststoffreiche Nahrung und viel Wasser.

Das häufigste Problem bei alten Hunden sind Zahnstein und eitrige Zähne, besonders Pudel und Dackel leiden darunter. Auch hormonbedingter Haarausfall mehrt sich. Die Schwachstellen bei großen Hunden sind Gelenke, Hüften und Knie. Prostatavergrößerungen, Wirbelkörperverschiebungen, Nieren-, Leber, Milz- und Bauchspeicheldrüsenleiden (Deutscher Schäferhund), Blasensteine (Spaniel), degenerative Erkrankungen der Wirbelsäule (Doggen, Boxer) treten häufiger auf, bei unkastrierten Hündinnen vor allem Mammatumore.

Bringen Sie den Hund daher ab dem achten Lebensjahr regelmäßig halbjährlich zur Vorsorgeuntersuchung. Lassen Sie ihn dabei auf Herz und Nieren durchchecken.

Viele Hundebesitzer unterliegen dem Irrtum, ein älterer Hund brauche nicht mehr geimpft zu werden. Ganz im Gegenteil: Gerade im höheren und hohen Alter ist die jährliche Wiederholungsimpfung besonders wichtig.

Wie alt kann ein Hund werden?

Wie alt ein Hund wird, hängt natürlich vom individuellen Gesundheitszustand des einzelnen Tieres ab. Rechtzeitige und intensive Gesundheitsvorsorge spielen dabei eine wichtige Rolle. Im allgemeinen haben große Rassen eine weniger hohe Lebenserwartung als kleine. Sie können 10 bis 15 Jahre alt werden. Kleine Rassen, wie Dackel und Pudel, erreichen ein Alter von 16 bis 18 Jahren.

Auf ein Menschenleben bezogen – soweit dies möglich ist – entsprechen rund sechs Hundejahre einem Menschenjahr. Wobei das erste Lebensjahr eines Hundes etwa 14 Menschenjahren entspricht. Somit ist ein zehnjähriger Hund je nach Pflege rund 70 Jahre alt.

Wie soll ein betagter Hund gepflegt werden?

Viele alte Hunde sind überfüttert. Dabei ist Übergewicht im Alter eine besondere Belastung für den gesamten Organismus. Übersehen Sie nicht, daß der Bewegungsdrang Ihres Vierbeiners mit zunehmendem Alter abnimmt. Daher ist es nur logisch, auch das Kalorienangebot zu senken. Geben Sie dem Hund viel Gemüse, gekochten Spinat, aber nur jeden zweiten Tag Fleisch. Es gibt auch schon fertige Diätkost (siehe Seite 39).

Vitamine

Dem Stoffwechsel und dem Haarkleid bekommen täglich verabreichte Bierhefe und Weizenkeime gut. Achten Sie ganz besonders auf eine ausreichende Vitamin- und Mineralstoffzufuhr. Halten Sie sich jedoch genau an ärztliche Anweisungen. Wenn ein bösartiger Prozeß im Körper des Tieres im Gange ist, etwa ein Tumor, wird durch die Vitamine auch dessen Wachstum angeregt (vor allem Mammatumore wuchern dadurch hemmungslos). Und sorgen Sie dafür, daß der Hund ständig viel Flüssigkeit aufnimmt.

Putzen Sie dem Hund zweimal in der Woche die Ohren, und kontrollieren Sie die Zähne alle zwei bis drei Wochen. Lassen Sie den Zahnstein vom Tierarzt mit Ultraschall entfernen, damit es nicht zu Zahnfleischentzündungen und -eiterungen kommt.

Beobachten Sie vor allem einen kastrierten Hundeopa beim Harn- und Kotabsatz. Wenn er lange Zeit damit verbringt, es nach wenigen Minuten schon wieder versucht und dabei trotzdem jedesmal nur wenig absetzen kann, gehört er sofort zum Tierarzt.

Was ist die Ursache, wenn ältere Hunde sehr viel trinken und abnormal oft ihr kleines Geschäft verrichten?
Nierenleiden

Fast alle Hunde haben im hohen Alter ein Nierenleiden. Zunächst bemerkt man dies am unangenehmen Mundgeruch, später auch an vermehrtem Trinken und Wasserlassen. Bringen Sie das Tier zum Veterinär, der mit Blut- und Harnuntersuchungen das Ausmaß der Erkrankung feststellen kann. Von ihm werden Sie auch ein spezielles Diätfutter für nierenkranke Hunde bekommen. Der Eiweißgehalt der Nahrung muß jetzt stark reduziert werden, das Eiweiß selbst aber muß sehr hochwertig sein.

Kommt es vor, daß Hunde blind oder taub werden?

Mit zunehmendem Alter lassen alle Sinne des Hundes mehr (Augen, Ohren) oder weniger (Nase) nach. Oft merkt dies der Besitzer gar nicht. Er schimpft mit seinem scheinbar ungehorsamen, störrischen Vierbeiner. Dabei hört das arme Tier Befehle ganz einfach nicht mehr so gut wie früher. Das Nachlassen des Sehvermögens ist noch am augenfälligsten, obwohl sich auch ein erblindendes Tier in seiner gewohnten Umgebung gut zurechtfindet.

Wann soll man einen Hund einschläfern lassen?

Ein Tier einschläfern zu lassen, nur weil es einem im Moment durch irgendetwas lästig ist, darf nicht vorkommen. Meistens ist jedoch das Gegenteil der Fall: Mensch und Tier haben sich durch viele Jahre gemeinsamen Lebens sehr aneinander gewöhnt, der alte Hund reagiert auf die kleinste Geste seines Herrn, ähnelt ihm auf manche Weise sogar sehr – der Abschiedsschmerz ist ungeheuer bitter.

Die modernen Errungenschaften und Möglichkeiten der Veterinärmedizin sollen trotzdem keinesfalls dazu verführen, um der technischen Bravour willen das Leben eines Hundes um jeden Preis zu verlängern. Ein altes und krankes Tier, das zum Beispiel große Schmerzen hat und stundenlang an einer Infusionspumpe hängen muß, das mehr Zeit in der Klinik als zu Hause verbringt, ohne reelle Aussicht auf Besserung, hat kein lebenswertes Dasein mehr.

Natürlich ist es nicht leicht für einen Hundebesitzer, sich zum Einschläfern seines Lieblings zu entschließen. Die Beurteilung des wahren Zustandes eines Hundes kann ihm auch dadurch erschwert werden, daß manche Tiere trotz vieler Krankheiten tapfer und ohne einen Schmerzenslaut unbemerkt dahinsiechen, bis sie fast tot umfallen.

Wenn sich in einem umfassenden Gespräch mit dem Tierarzt über alle Möglichkeiten der Verlängerung des Hundelebens keine Hoffnung auf ein wenigstens annähernd lebenswertes Dasein ergibt, ist dieser Schritt sicher das beste für das Tier. Er geht völlig schmerzlos vor sich, ohne daß der Hund etwas davon bemerkt. Zuerst wird ihm ein mehrfach überdosiertes Betäubungsmittel injiziert, das ihn in tiefen Schlaf versetzt. Danach wird er mit der intravenösen Injektion einer Überdosis eines Narkotikums binnen Sekunden absolut schmerzlos von seinem unheilbaren Leiden erlöst.

15. Der Hund und die vier Jahreszeiten

Im Frühling sind Hunde vor Liebe krank, im Sommer von Flöhen geplagt, im Herbst wird noch einmal mit Zähnen und Krallen um die Hundedamen gerauft und im Winter werden Magen und Darm mit Schneefressen in Aufruhr versetzt. Da der Hund sich wesentliche Teile seines Lebens im Freien aufhält, bringen die vier Jahreszeiten für ihn charakteristische Probleme mit sich. Jede Saison hat ihre bestimmten Situationen, die bestimmte Krankheiten verursachen können. Dazu kommen von der Jahreszeit abhängige biologische und hormonelle Zustände, die das ihre dazu beitragen.

Weiß man erst einmal, welche Probleme zu welcher Zeit drohen, kann durch rechtzeitige und entsprechende Vorsorge erreicht werden, daß sie erst gar nicht auftreten. Es ist wichtig, seinen Hund im dementsprechenden Umfeld genau zu beobachten und sich vor allem die kritischen Situationen zu merken, damit nicht alle Jahre wieder die gleichen Fehler passieren.

Welche Probleme und Krankheiten treten beim Hund vor allem im Frühjahr auf?

Kaum wird es wärmer, kommt wieder die Zeit der ausgedehnten Spaziergänge. Dabei müssen die vielen Neuigkeiten, die der Frühling in der Natur mit sich bringt, ausgiebig beschnüffelt werden. Hin und wieder gelangt etwas von den spannenden Novitäten auch in den Magen des Schnüfflers – und schon gibt es Verstimmungen und Vergiftungen.

Jetzt gibt es jede Menge läufiger Hündinnen. Klar, daß sich bei den vierbeinigen Kavalieren der Sexualtrieb regt, sie vermehrt zum Streunen neigen und sich um die Gunst der Hundedamen raufen. Dies führt zu vielen Unfällen, Knochenbrüchen und Bißverletzungen.

Vor allem aber gibt es dadurch auch den unwiderstehlichen Drang, am abgesetzten Urin solcher vierbeiniger Damen und der Konkurrenz zu schnüffeln. Millionen Keime werden dabei aufgenommen. Die typischen Frühjahrskrankheiten – vor allem bei Rüden – sind daher: Halsinfektionen, schwerer Brechdurchfall, Magen- und Darminfektionen und Mandelentzündungen.

Infektionen, Entzündungen

Ein wirksames Gegenmittel, über das allerdings kein Hund glücklich ist, ist ein Beißkorb, über den man einen alten Damenstrumpf zieht. So haben Bakterien und Keime keine Chance.

Bei vielen Hündinnen wiederum führt die Läufigkeit nach sechs bis acht Wochen zur Scheinträchtigkeit mit allen ihren Nebenerscheinungen, oder es kommt zur Trächtigkeit und zu Geburten sowie den damit verbundenen möglichen Problemen.

Auf jeden Fall bringt der Frühling die Hormone des Hundes durcheinander. Was sich auch in vermehrten Ekzemen bemerkbar macht.

Das Frühjahr ist die beste Zeit für Wiederholungsimpfungen und Entwurmungen! Wer im Sommer wegfahren will, sollte rechtzeitig an die Tollwutimpfung denken.

Womit belastet der Sommer den Hund?

Vor allem Herz- und Kreislaufpatienten haben jetzt Hochsaison. Die Flöhe hüpfen aus ihren Kälteverstecken, verursachen Ekzeme und übertragen Bandwürmer. Bei Spielen auf Wiesen und

Äckern schlüpfen Grannen mit ihren bösen Widerhaken in Augen, Ohren und zwischen die Zehen der geplagten Vierbeiner. Werden sie nicht rechtzeitig vom Tierarzt(!) entfernt, kommt es zu Entzündungen, Eiterungen und Abszessen.

Wie überstehen Hunde Hundstage leichter?

Die meisten Hunde vertragen Hitze durch körperliche Anpassung recht gut. Sie suchen sich am liebsten ein kühles Plätzchen, wo sie hechelnd oder dösend auf niedrigere Temperaturen warten.

Lassen Sie dem Tier seine Ruhe! Hetzen Sie Hunde nicht im grellen Sonnenlicht über Wiesen und Wege. Auch Hunde können an der Nase einen Sonnenbrand bekommen. Wählen Sie die Abend- oder noch besser frühen Morgenstunden für ausgedehnte Spaziergänge. Und geben Sie dem Tier ausreichend, aber nicht eiskaltes Wasser zu trinken.

hoher Wasserbedarf

Wirklich gefährdet sind durch hohe Temperaturen nur ältere und kranke Hunde. Ein bißchen schwerer haben es auch Langhaar-Rassen. Da kann es durch Hitze schon einmal zu Herz- und Kreislaufstörungen kommen. Dies äußert sich vor allem durch röchelndes Atmen, vermehrtes Speicheln und seitliches Liegen.

kalte Umschläge

Machen Sie dem Tier kalte Umschläge auf Nacken und linke Brustseite. Vor allem, wenn die Zunge, die dem Tier weit aus dem Maul hängt (Hunde „schwitzen" bekanntlich über die Zunge), bläulich zu werden beginnt. In der Wohnung soll für frische Luft gesorgt werden, im Freien für einen Platz im Schatten. Hat man es zur Hand, dann träufelt man dem Tier ein paar Tropfen starken Kaffees oder kreislaufstärkender Mittel (Crataegut, Effortil) auf die Unterseite der Zunge. Erholt sich der Hund nicht bald wieder, oder ist er womöglich bewußtlos, suchen Sie bitte unbedingt sofort einen Tierarzt auf.

Darf der Hund ins Wasser?

Es gibt Hunderassen (Irish Setter, Golden Retriever, Neufundlänger, Otter hound), die hervorragende und begeisterte Schwimmer und Taucher sind. Neufundländer haben sogar Schwimmhäute zwischen den Zehen und halfen in ihrem Herkunftsland einst den Fischern, die Netze an Land zu ziehen und entschlüpfte Fische wieder einzufangen.

Hunde können schwimmen

Im Prinzip können aber alle Hunde mehr oder weniger gut schwimmen. Mit kleinen Hunderassen kann man es in der Badewanne ausprobieren. Wasserscheu sind die pelzigen Paddler meist nur dann, wenn sie schon einmal eine unliebsame Bekanntschaft mit dem Wasser gemacht haben. Wenn sie womöglich von einem herzlosen Menschen ins Wasser geworfen wurden usw.

Schwimmen als Therapie

Ansonsten ist Schwimmen in manchen Fällen (nach der Dackellähmung-Operation zum Beispiel) sogar eine gute Therapie, in jedem Fall ein gutes Muskeltraining. Das Wasser darf nicht zu kalt und nicht verschmutzt sein und keine starken Strömungen aufweisen. Nach dem Schwimmen sollten die Hunde abgetrocknet werden. Im Sommer, damit sie beim Abschütteln nicht sonnenbadende Menschen anspritzen, und bei weniger heißen Temperaturen, damit sie sich nicht verkühlen.

Was bringt der Herbst dem Hund?

Im Herbst ergeben sich durch die zweite Läufigkeit der Hündin gewisse Ähnlichkeiten zum Frühjahr. Durch das Schnüffeln an den Ausscheidungen der paarungsbereiten Hundedamen treten wieder vermehrt Erbrechen und Durchfall auf. Und wieder nehmen die Bißverletzungen und die Unfallhäufigkeit bei den liebestollen Rüden zu.

Welche Hundekrankheiten können im Winter auftreten?

Schneefressen

Jetzt wird Schnee gefressen, der in der Stadt natürlich verschmutzt ist. Das führt zu Verkühlungen, Hals- und Rachen-, Magen- und Darmentzündungen, Bronchitis und Lungenentzündung. Streumittel sorgen als Draufgabe noch für blutigen Durchfall, blutiges Erbrechen, Austrocknung, Vergiftungen, Nieren- und Leberprobleme und schwere Pfotenekzeme. Durch die Kälte kann es auch zu Nierenfunktionsproblemen kommen. In allen Fällen muß der Hund zum Tierarzt.

Soll man Hunden im Winter etwas anziehen?

Im Prinzip sind Hunde gut an unsere Breitengrade mit den wechselnden Temperaturen angepaßt. Trimmen läßt man seinen Hund nicht später als Anfang Oktober.

Naßkaltes Wetter und vor allem Streusalz können jedoch gefährlich werden. Dagegen hilft meistens auch das Einschmieren der Pfoten mit Hirschtalg oder Vaseline kaum etwas. Säubern Sie jedoch nach jedem Spaziergang vor allem die schwer zugänglichen Stellen zwischen den Zehen und Zehenballen mit einem feuchten Lappen, um schmerzhaften Entzündungen in diesen Bereichen vorzubeugen. Ist Ihr Hund empfindlich, ziehen Sie ihm nicht zu enge Leder- oder Gummi-„Schuhe“ an, die Sie in der Tierhandlung bekommen. Vorübergehend helfen auch robuste Plastiksäckchen, die man mit Gummiringen an den Beinen befestigt. Um Hunde am Schneefressen zu hindern, bindet man ihnen einen Maulkorb um, den man zusätzlich mit einem Nylonstrumpf überzieht. So vermeidet man Keim-, Schnee- und Salzaufnahme.

Alte, kranke, niedrige und kurzhaarige Hunde sollten bei großer Kälte und bei Schnee nicht zu lange ohne Schutz für Bauch und Rücken spazierengeführt werden. Sie müssen in jedem Fall nach dem Ausflug sofort abgetrocknet werden – auch langhaarige Hunde, in deren Fell sich der

Schnee fängt – und sich anschließend in einem warmen Raum aufhalten. Sonst ist eine schwere Verkühlung vorprogrammiert.

16. Gesundheitsvorsorge

Ist der Hund gesund, freut sich der Mensch. Soweit es in seiner Macht steht, wird er mit allen Mitteln versuchen, seinem vierbeinigen Schützling diese Gesundheit auch zu erhalten. Das beginnt schon beim Hundebaby, das rechtzeitig gegen Infektionskrankheiten geimpft und entwurmt wird und endet bei der intensiven Vorsorgeuntersuchung des betagten Hundes. Von großer Bedeutung ist die richtig zusammengesetzte, maßvolle Ernährung, die dafür sorgt, daß viele Krankheiten erst gar keine Chance bekommen.

Vierbeinige Hausgenossen sollten nicht nur zur eigenen Erbauung, sondern auch im Hinblick auf deren Gesundheit aufmerksam beobachtet werden. Sehr nützlich kann dabei das Führen einer Gesundheitskartei sein. Vor allem, wenn mehrere Tiere im Haus sind und man sich ganz einfach nicht alles merken kann. (Wann welches Tier wie lange und woran erkrankt war, wann geimpft und entwurmt wurde, welche Medikamente genommen wurden, wieviel die Vierbeiner wiegen, wieviel sie zu- oder abnehmen usw.). Außerdem hat man mit solchen Aufzeichnungen im Falle eines Tierarztbesuches viele nützliche Informationen zur Hand und im Falle eines Ortswechsels eine wichtige schriftliche Grundlage für den dortigen Veterinär.

Wie kann man den Hund vor Gefahren schützen?

Wer seinen Hund genau beobachtet, seine Lebensgewohnheiten, Vorlieben und Abneigungen genau kennt, kann viele Gefahren, die zu seiner Erkrankung führen könnten, von ihm abwenden. Einerseits die Gefahren des täglichen Lebens – keine Medikamente oder Chemikalien umherliegen lassen, Giftpflanzen entfernen, Gummiringe, Nadeln und Fäden unter Verschluß halten usw. Andererseits die Gefahr einer ernsthaften Erkrankung, wenn man schon die ersten Anzeichen sofort bemerkt und etwas dagegen unternimmt – schlechter Mundgeruch, Durchfall, Verstopfung usw.

sauberer Lebensraum

Es ist außerordentlich wichtig, den Lebensraum des Hundes sauber zu halten, um ihn vor Bakterien und Parasiten zu schützen. Reinigen Sie sein Geschirr nach jeder Benützung mit heißem Wasser. Bürsten Sie den Hund und kontrollieren Sie dabei immer wieder Augen, Ohren, Zähne und Krallen. Schmieren Sie die Nase des Hundes – vor allem im Winter und bei alten Hunden – täglich mit Vaseline ein. Sonst wird der Nasenspiegel rissig, brüchig und wund. Sehr wichtig ist die Beobachtung der vitalen Funktionen, wie Essen, Trinken, Harn- und Kotabsatz. Jede Abweichung von den gewohnten Verhaltensweisen kann ein wichtiger Hinweis auf eine Störung sein.

Welpen bis zu einem halben Jahr sollten sich viel bewegen. Aber spielen Sie mehr mit ihm, als daß Sie ihn stundenlang spazierenführen, das schadet dem Knochengerüst. Lassen Sie ihn auch nicht unkontrolliert durch die Gegend sausen, damit er weder unter ein Auto kommt noch sich an giftigen Rattenködern gütlich tun kann.

Wenn das Tier älter ist, geht man ebenfalls konsequent, aber lieber öfters spazieren und übertreibt dabei die Sportlichkeit nicht. Wenn sich der Hundeopa mehrmals hinsetzt, lassen Sie ihn ruhig verschnaufen.

Durch die rechtzeitige Kastration ersparen Sie

der Hündin unerwünschte Trächtigkeit und Erkrankungen der Fortpflanzungsorgane, später Mammatumore und Tumore an der Gebärmutter und an den Eierstöcken.

Was sagt Fieber über den Gesundheitszustand eines Hundes aus?

Die Körpertemperatur des Hundes zu kontrollieren (siehe Kapitel 19, Seite 128), wenn er sich apathisch oder appetitlos zeigt, ist eine sehr gute Vorsichtsmaßnahme. Beim erwachsenen, gesunden Hund liegt sie zwischen 38,2 und 38,8°C. Bei Temperaturen zwischen 38,7 bis 39°C beobachtet man seinen Hund, es könnte eine Erkrankung im Anzug sein.

Körpertemperatur

Übersteigt die Temperatur 39°C, hat er Fieber, und man muß den Tierarzt konsultieren. Sinkt die Temperatur unter 37,8°C (bei Hündinnen kurz vor der Niederkunft physiologisch bedingt), hat der Hund Untertemperatur und muß dringend zum Tierarzt.

Die Angaben gelten aber nur bei ruhigen Hunden im Haus des Besitzers, soferne der Hund zwei Stunden vorher nichts gefressen hat, nicht in der Sonne gelegen ist und sich weder aufgeregt noch angestrengt hat.

Was kann der Tierarzt zur Gesundheitsvorsorge beitragen?

Auf die außerordentliche Bedeutung der Impfung für den Hund kann man gar nicht oft genug hinweisen. Wer einmal erlebt hat, wie kläglich ein Tier zum Beispiel an Parvovirose zugrunde geht, möchte dies seinem Hund ganz sicher ersparen. Der einzige Schutz vor Infektionskrankheiten sind die Impfung der Welpen durch den Tierarzt und die jährlichen Wiederholungsimpfungen. Sehr wichtig ist auch die parallel dazu durchgeführte regelmäßige Entwurmung des Hundes.

Wie oft soll der Hund zur Vorsorgeuntersuchung?

Bei jüngeren Hunden genügt es, wenn sie einmal jährlich im Rahmen der Wiederholungsimpfung und Entwurmung auch gleich auf Herz und Nieren geprüft werden. Ab dem achten Lebensjahr sollte der Tierarzt je nach Gesundheitszustand des Hundes viertel- bis halbjährlich konsultiert werden.

junge Hunde jährlich, alte Hunde halbjährlich

Bei dieser Durchuntersuchung werden neben der gründlichen klinischen Untersuchung ein kompletter Blutstatus, ein detailliertes Erfassen der verschiedenen Organfunktionen (Niere, Leber, Bauchspeicheldrüse), ein Harnbefund und unter Umständen ein Röntgen, Ultraschall und ein EKG erstellt. Um die verschiedenen Organfunktionswerte bestimmen zu können, wird dem Hund ein bißchen Blut abgenommen. Mittels computerisierter Labormaschinen können binnen einer Viertelstunde alle Werte erfaßt werden. Daraus kann der Veterinär sehr viel ablesen. Sind etwa die Nierenwerte nicht in Ordnung, wird er durch weitere Untersuchungen dieses Organes den Grund der Störung diagnostizieren.

Alle Ergebnisse zusammen ergeben für Arzt und Hundebesitzer ein genaues Bild über den Gesundheitszustand des Tieres. Auf diese Weise können Krankheiten schon im Frühstadium erkannt und behandelt werden, damit es erst gar nicht zum Ausbruch von schweren, unter Umständen sogar lebensbedrohenden Krankheiten kommt. Sind bei betagten Hunden erst einmal schwere organische Schäden aufgetreten, können sie kaum noch behoben werden.

17. Der Tierarzt

Jeder Tierbesitzer braucht einen Arzt für seinen Liebling. Ist ein Besuch des Veterinärs erforderlich, sollte man in erster Linie natürlich mit der gebotenen Hilfe zufrieden sein. Dies ist aber meistens nur dann möglich, wenn zwischen allen Beteiligten auch Sympathie herrscht. So wie man auch selbst nicht zum nächstbesten Arzt geht, sollte ebenso die Wahl des Tierarztes nicht dem Zufall überlassen werden.

Hunde haben wesentlich mehr organische Erkrankungen als Katzen und stellen den Tierarzt auch vor unvergleichlich mehr chirurgische Probleme. Sie brauchen daher eine absolute Fachkraft. Sollten Sie bei der ersten Konsultation nicht zufrieden sein, wechseln Sie ruhig den Tierarzt. Zu oft sollte das allerdings nicht der Fall sein. Denn nur wenn der Arzt das Tier gut kennt und durch Jahre seine Probleme, Therapien und verabreichten Medikamente auf Karteikarten oder im Computer festgehalten hat, kann er es auch optimal versorgen und die Veränderungen aller Befunde vergleichend deuten.

Immer mehr auf verschiedenen Gebieten spezialisierte Fachtierärzte wie Internisten, Chirurgen, Röntgenologen, Labordiagnostiker usw. schließen sich in Gemeinschaftspraxen beziehungsweise Tierkliniken zusammen, um den vierbeinigen Patienten optimale Untersuchungsmöglichkeiten, eine gesicherte Diagnose und modernste Behandlungsmethoden anbieten zu können. Neben der hochmodernen technischen Ausrüstung und der Spezialisierung können diese Kliniken dem Tierbesitzer außerdem das ganze Jahr über ein Rund-um-die-Uhr-Service bieten.

Früher mußte man drei, vier Tage auf eine Diagnose aus einem Speziallabor warten. Heute liegen dem Veterinär in modernst eingerichteten Kleintierkliniken durch Laborstraßen und den Einsatz von Computern in allen Bereichen der Diagnose und der Behandlung sehr rasch optimale Ergebnisse vor. Ein Blutstropfen genügt einer hochempfindlichen Maschine, und im Nu schreibt sie auf, was sie alles darin gefunden hat.

Was Ausstattung und Technik betreffen, unterscheiden sich Labor- und Operationsräume in gut eingerichteten Tierkliniken kaum von denen der Humanmedizin. Tierkliniken, die auf Chirurgie spezialisiert sind, besitzen Röntgenapparate, EKG, Ultraschallgeräte, Laborstraßen für Harn- und Blutuntersuchungen (in England z.B. machen Veterinärlabors auch Untersuchungen für Menschen) usw., welche zur richtigen Diagnoseerstellung und Untersuchungen vor einer Operation notwendig sind; weiters septische und aseptische Operationssäle, wo Narkosemaschinen, Infusionspumpen, Atemüberwachungsgeräte, Herzmonitore, Operationsmikroskope, Elektrochirurgie-Maschinen, Geräte für Arthroskopie, Laparoskopie und Knochenchirurgie, Mikrobohrer für schwierigste chirurgische Eingriffe an der Wirbelsäule usw. für vierbeinige Patienten bereitstehen. Nicht zu vergessen das aufwendige Instrumentarium für jede Art von Operation (Nägel, Schrauben, Platten, Zangen, Wundspreizer, Klammern, Hüftprothesen ...). Und für die Nachbehandlung: Sauerstoffzelt, physikalische Therapie- und Magnetfeldtherapiegeräte, Mikrowelle und Infrarotlampen zur Bestrahlung, Käfige mit Heizmatten ...

Der Aufwand, Operationen aseptisch und antiseptisch durchführen zu können, ist wegen der Behaarung der Tiere – besonders bei Knochen- und Gelenkschirurgie (Traumatologie, Neuro-Orthopädie und Orthopädie) – manchmal sogar größer als in der Humanmedizin. Als Bakterienträger sind Haare die größten Feinde der Chirurgie. Gelangen sie unbemerkt in eine Operationswunde, können sie schwerste Infektionen hervorrufen.

Ein Tierarzt auf dem letzten Stand der Medizin zu sein, ist aber nicht nur mit großen finanziellen Investitionen, sondern vor allem auch mit Verzicht auf Privatleben, Freizeit und Nachtruhe verbunden.

Ein Veterinärchirurg ist ein Spezialist, der ungefähr 400 bis 500 Operationsmethoden – vom Chihuahua bis zum Bernhardiner – exaktest beherrschen muß. Das ist zugleich aber auch das faszinierende an diesem Beruf: an einem Tag operiert man einen Tumor im Mittelohr, drei Stunden später fräst man den Wirbelkanal (Hemilaminektomie) eines gelähmten Dackels auf, legt das Rükkenmark und austretende Nerven frei, um sie vom Bandscheibenvorfall zu befreien. Das bedeutet aber auch, daß man sich ständig üben und weiterbilden muß. Diese Herausforderung ist eine große Verantwortung. Es ist aber auch wunderschön, für kranke, sprachlose Kreaturen alles tun zu können.

Da der Hund ein echter Kamerad des Menschen ist, wird man als Tierarzt auch mit sehr vielen menschlichen Problemen konfrontiert. Man muß vor einer schwierigen Operation den ganzen Hintergrund einer Mensch-Tier-Beziehung kennen, um – über das rein medizinisch-technische hinaus – richtig entscheiden zu können.

Wann soll man mit dem Hund zum Tierarzt gehen?

Gehen Sie bei der ersten krankhaften Erscheinung, die Sie an Ihrem Hund wahrnehmen, zum Tierarzt, wenn Sie in der Hundehaltung unerfahren und sich über die Gefährlichkeit oder Ungefährlichkeit eines Symptoms nicht im klaren sind. Fragen Sie den Tierarzt lieber einmal zu oft als einmal zu spät. Er wird Ihnen in jedem Fall gerne helfen. Warten Sie nicht darauf, bis eine Krankheit voll zum Ausbruch kommt, ehe Sie zum Tierarzt gehen.

Nur wer lange Jahre mit einem Hund zusammenlebt und ihn gut beobachtet, wird den Unterschied bemerken, ob ein Durchfall harmlos ist und von einer falschen Ernährung (rohe Leber) herrührt, oder ob unter Umständen eine Virusinfektion dahintersteckt, ob der Hund erbricht, weil er das Futter zu gierig gefressen hat oder weil er Würmer hat.

Symptomerkennung

Es erfordert sehr viel Wissen und Erfahrung, um alle Krankheitssymptome eines Hundes zu erkennen und richtig zu deuten. Und das kann nur der Tierarzt. Als Faustregel für Sie zu Hause kann gelten: Sollte auf die erste häusliche Behandlung innerhalb der nächsten 24 bis 48 Stunden keine Besserung eines Krankheitssymptoms (Durchfall, Erbrechen, Verstopfung, Schnupfen...) eintreten, muß unbedingt der Tierarzt konsultiert werden. Mit jungen, schwachen und alten Tieren muß man sofort zum Tierarzt.

Ich bin immer wieder erschüttert, wie lange Hundebesitzer ihre Vierbeiner an Juckreiz, Ohren-, Augen-, Zahnproblemen, Durchfall und Erbrechen leiden lassen. Oft werden total apathische Hunde zu mir gebracht, die Knochen voll mit Krebs, die Lunge voll Metastasen. „Der Hund hat doch keine Schmerzen gehabt", wundern sich die Besitzer, wenn ich Sie darauf hinweise, daß der Hund schon lange leidet. Hunde sind eben nicht so empfindlich wie Menschen. Auch wenn sie nicht stöhnen und jammern, können sie trotzdem Schmerzen haben. Sie müssen daher wirklich intensiv auf alle kleinsten Veränderungen hin beobachtet werden.

Wie oft soll der Hund zum Tierarzt?

Bei Hundebabys sind die Termine durch die Basisimpfung vorgegeben. Bis zum achten Lebensjahr genügt es, wenn der gesunde Hund einmal jährlich im Rahmen der Wiederholungsimpfungen gegen Infektionskrankheiten und der Entwurmung (viel im Freien lebende Hunde halbjährlich) zum Tierarzt gebracht wird.

jährliche Vorsorgeuntersuchung

Lassen Sie bei dieser Gelegenheit ein Organprofil erstellen, Harn und Blut untersuchen, kurz, eine Vorsorgeuntersuchung machen (siehe Kapitel 16, Seite 108), um über den Gesundheitszustand ihres Hundes umfassend informiert zu sein. Hunde können unter Umständen lange „verbergen", daß ihnen etwas fehlt. Bis eine Nierenerkrankung zum Beispiel dem Besitzer auffällt, kann sie schon im fortgeschrittenen Stadium sein. Anhand des Organprofils kann der Tierarzt eine beginnende Organfunktionsstörung frühzeitig erkennen und durch rechtzeitige Gegenmaßnahmen schwerere Erkrankungen verhindern.

Ist der Hund krank, wird der Tierarzt die Termine, zu denen das Tier zur Kontrolle gebracht werden muß, von sich aus festsetzen. Ab dem achten Lebensjahr schließlich sind zwei bis vier Kontrollen pro Jahr empfehlenswert (siehe Kapitel 16, Seite 111).

Wie bereitet man den Hund generell auf den Tierarztbesuch vor?

Die optimale Vorbereitung auf einen Tierarztbesuch beginnt schon beim jungen Hund. Auch wenn – hoffentlich – weit und breit keine Spur einer Krankheit zu sehen ist. Simulieren Sie mit dem Hund spielerisch immer wieder jene Situationen, mit denen er später in der Veterinärpraxis konfrontiert wird.

Festhalten üben

Dazu gehört das Festhalten. Legen Sie den Hund, wenn Sie gerade munter und lustig am Teppich toben, auf die Seite, und drücken Sie ihn zunächst nur für einige Sekunden etwas fester auf den Boden, so daß er nicht entwischen kann. Setzen Sie dann das Spiel fort. Im Lauf der Zeit wird dieses Festhalten länger ausgedehnt. Beim Tierarzt wird es dann für den Hund kein Schock und keine Qual sein, auf dem glatten Untersuchungstisch festgehalten zu werden.

Maul öffnen

Sehr wichtig ist es auch, daß sich der Hund ohne Widerstand das Maul öffnen läßt (siehe Kapitel 25 und 26, Seite 166), üben Sie das ganz besonders oft. Wenn Hunde es gewohnt sind, daß regelmäßig ihre Zähne und Augen kontrolliert und die Ohren geputzt werden, werden sie das Manipulieren daran beim Tierarzt nicht als schweren Eingriff in ihre persönliche Sphäre betrachten und ihm dies nicht durch Beißen unmöglich machen wollen.

Lassen Sie Ihrer Phantasie freien Lauf, lassen Sie mögliche Situationen beim Tierarzt in Ihrer Vorstellung ablaufen, und spielen Sie sie dann mit dem Hund nach. Ein kaum geängstigtes Tier wird es Ihnen, wenn es einmal ernst wird, danken.

Welche Vorbereitungen sind unmittelbar vor dem Tierarztbesuch notwendig?

Rufen Sie zunächst beim Tierarzt an, und lassen Sie sich je nach Dringlichkeit einen Termin geben. Notieren Sie nun möglichst alles, was Sie an ihrem Hund bemerkt haben, was Sie beunruhigt: Hat der Hund zum Beispiel Durchfall, dann notieren Sie, wann dies das erste Mal der Fall war,

Notizen

wie oft er Kot abgesetzt hat, wie dieser bezüglich Farbe und Konsistenz ausgesehen hat, wie er sich verändert hat, ob Blut enthalten war, was der Hund vorher gefressen hat, ob er einen apathischen oder unsteten Eindruck gemacht hat usw. In der Aufregung vergessen Sie womöglich das Wichtigste und verlängern die Zeit bis zur richtigen Diagnose unnötig. Stecken Sie die Impfkarte ein!

Impfpaß mitnehmen

Für den Tierarztbesuch gilt jedenfalls eines: Behandeln Sie Ihr Haustier, bevor Sie mit ihm zum Arzt gehen, besonders liebevoll. Und seien Sie dann in der Ordination so wenig nervös, aufgeregt und aggressiv wie möglich. Es überträgt sich alles auf das Tier!

Warum ist zur Untersuchung eines Hundes oft eine starke Betäubung oder eine Narkose notwendig?

Aversion und Mißtrauen des Besitzers gegen eine starke Betäubung oder eine Kurznarkose des Hundes bei der Untersuchung ist heutzutage absolut unbegründet. Zwar ist die Narkose oder Betäubung bei Hunden (genauso wie beim Menschen) mit gewissen Risiken verbunden, vor allem bei älteren Tieren. Doch ein erfahrener Kleintierpraktiker oder eine Privatklinik, die auf chirurgische Eingriffe spezialisiert ist, kann auf die Umstände des einzelnen Tieres entsprechend Rücksicht nehmen. Um eine fachgerechte und dem letzten Stand der Wissenschaft entsprechende Untersuchung und Behandlung durchführen zu können, ist eine Narkose oder Betäubung manchmal unumgänglich.

Ein Hund, der beim Röntgen um sich schlägt, verhindert ein ordentliches Bild, das man auswerten kann. Manchmal reagieren Hunde äußerst nervös auf eine Untersuchung. Gewaltanwendung hätte sicher einen Schock des Tieres zur Folge – oder es ist keine gründliche Untersuchung möglich. Bei einem medikamentell beruhigten Hund kann man sich auf eine rasche Erfassung der Diagnose konzentrieren.

HUNDEKRANKHEITEN

18. Notfälle und Erste Hilfe

Ein Notfall kann immer und überall passieren! In unserem hektischen Leben sind Unfälle an der Tagesordnung. Informieren Sie sich daher, bevor etwas Ernstes mit Ihrem Hund passiert, was in einer solchen kritischen Situation zu tun ist. Tritt erst einmal ein Notfall ein, kann jede Sekunde und alles, was Sie tun, entscheidend für Ihren Hund sein.

Anleitungen, wie man einem Hund im Notfall und unter ganz bestimmten Umständen helfen kann und muß, dürfen aber nicht dazu verleiten, bei einem Tier auch sonst Arzt spielen zu wollen. Kranke Hunde und solche, bei denen der Verdacht auf eine Erkrankung besteht, gehören zum Tierarzt!

Unfälle und Vergiftungen sind Notfälle, die ein rasches Eingreifen des Tierarztes erfordern. Alles, was Sie in diesen Fällen an Erster Hilfe leisten, sollte nicht zur Folge haben, daß sich die Kontaktaufnahme mit einem Tierarzt oder die Fahrt dorthin verzögert.

Notfälle liegen aber auch vor, wenn Erkrankungen von hohem Fieber begleitet sind (z. B. starker eitriger Ausfluß aus der Scheide, Pyometra), bei ständigem Harn- oder Kotdrang ohne Erfolg (Harnröhrenverschluß, Darmverschluß), bei plötzlicher Lähmung des Dackels (Dackellähmung), wenn der Hund mit blauer Zunge umfällt und röchelt (akutes Herz- und Kreislaufversagen) usw. In den folgenden Kapiteln wird auf die häufigsten Notfälle beim Hund hingewiesen, je nachdem, welches Organ betroffen ist. Auch in diesen Fällen gehört das Tier unverzüglich zum Tierarzt!

Wie verhält man sich, wenn der Hund von einem Auto überfahren wurde?

Verkehrsunfälle rufen schwerste Schockzustände, Schmerzen und Angst hervor. Daher schnappen Hunde manchmal auch nach dem Besitzer. Ist das Tier nicht schwer verletzt, wird es meistens davonlaufen. Er muß vorsichtig eingefangen werden.

Wickeln Sie das Tier in eine Decke oder ein Kleidungsstück, und schaffen Sie es unverzüglich zu einem Tierarzt. Am besten Sie bitten jemand, Ihr Kommen dort anzukündigen.

starke Blutung

Sollte der Hund am Körper eine starke, stoßweise Blutung haben, preßt man ein sauberes Taschentuch auf die Wunde. Blutet er an den Beinen sehr stark, bindet man die Extremitäten körpernah oberhalb der Wunde fest ab und legt über der Wunde einen Druckverband an.

Bewußtlosigkeit

Ist der Hund bewußtlos, öffnen Sie ihm sofort das Maul, und ziehen Sie ihm die Zunge heraus. Reinigen Sie Maul, Rachen und Nasenlöcher – wenn erforderlich – von Blut und Speichel, indem Sie alles mit einem sauberen Stofftaschentuch vorsichtig auswischen. Ist es zu einem Austritt der Gedärme gekommen, umwickelt man den Hund mit einem warmen, nassen Tuch.

Beinbruch

Ist ein Bein gebrochen, legt man mit einem stabilen länglichen Gegenstand und mit Krawatten, Strümpfen oder ähnlichem Hilfsmittel eine improvisierte Schiene an. Heben Sie den Hund äußerst vorsichtig so auf, daß Sie an seiner Körperhaltung möglichst nichts verändern. Halten Sie das Tier während des Transports warm. Wenn möglich, verabreicht man dem Hund ein schmerzstillendes Kinderzäpfchen.

Was ist zu tun, wenn der Hund sich die Pfote an einer Glasscherbe zerschneidet?

Wunden an den Pfoten bluten meist sehr stark. Binden Sie die Extremität oberhalb der Schnittverletzung fest ab, und wickeln Sie die Pfote mit einem sauberen Tuch ein. Anschließend muß sofort der Tierarzt aufgesucht werden. Auch bei anderen Schnittwunden- und Stichverletzungen verhält man sich bei starken Blutungen wie in der vorhergehenden Frage beschrieben. Dauert die Fahrt zum Tierarzt länger, muß der Verband, mit dem man zum Beispiel einen Fuß abgebunden hat, hin und wieder gelockert werden, um ihn nicht abzuschnüren.

Wie verhält man sich bei einem Insektenstich (Biene, Wespe, Hornisse)?

Am gefährlichsten sind Stiche im Maul oder im Rachen. Das kann ein lebensbedrohender Zustand sein. Halten Sie das Maul des Hundes offen, und ziehen Sie die Zunge heraus. Bekommt das Tier keine Luft, weil Rachen und Kehlkopf zuschwellen, wird es ohnmächtig. Glauben Sie, den Tierarzt nicht mehr rechtzeitig erreichen zu können, schieben Sie einen Gartenschlauch oder Ähnliches vorsichtig in die Luftröhre des Hundes.

kalte Umschläge

Stiche am Kopf versorgt man mit kalten Umschlägen oder einem Eisbeutel. Geht die Schwellung bald zurück, und der Hund zeigt keine Veränderung in seinem Befinden, können Sie ihn zu Hause versorgen. Ansonsten gehört der Hund ebenfalls zum Tierarzt.

Welche Pflanzen sind für den Hund giftig?

Sehr viele Pflanzen können beim Hund, wenn er daran knabbert, mehr oder minder starke Vergiftungserscheinungen hervorrufen. Die gefährlichsten sind:

Akelei, Buchsbaum, Butterblume, Christrose, Dieffenbachie, Efeu, Eibe(!), Eisenhut, Fleckenschierling(!), Herbstzeitlose(!), Hortensie, Lupine, Maiglöckchen, Mistel, Oleander(!), Rittersporn, Rhododendron, Waldrebe, Weihnachtsstern, Winde und Wicke.

tödliche Gifte

Wobei Eibe, Fleckenschierling, Herbstzeitlose und Oleander die stärksten, sehr rasch zum Tod führenden Gifte enthalten.

Misteln führen zu Herz- und Kreislaufkollaps, Nadeln von Nadelbäumen rufen schwere Entzündungen des Magen- und Darmtraktes hervor.

Wie äußert sich eine Vergiftung?

Die Anzeichen einer Vergiftung sind bei einem Hund so vielfältig, daß es für den Laien unmöglich ist, sie zu deuten. Nur einige davon, die auch in verschiedensten Kombinationen auftreten können, sind: Erbrechen, blutiger Durchfall, Krämpfe, Appetitlosigkeit, Atemschwierigkeiten, ständiger Speichelfluß, Muskelzuckungen, wackeliger Gang, blutiger Urin, Apathie, Herz-Kreislaufkollaps, Koma. Man wird eher anhand von unachtsam behandelten Verursachern (offen herumstehende Chemikalien, Pflanzen usw.) darauf schließen können, daß eine Vergiftung vorliegt.

Rattengift

Rattengift zum Beispiel äußert sich durch zielloses Umherwandern, Verwirrung, ungewöhnliche Lautäußerungen, blutiges Erbrechen, Durchfall, wiederholten Harn- und Kotabsatz, Schaum vor dem Maul, schweren Atem, Zuckungen und Bewegungsstörungen.

Wie kann der Hund vor Vergiftungen geschützt werden?

Halten Sie Chemikalien und Medikamente streng unter Verschluß. Wenn Sie die Wohnung reinigen, achten Sie darauf, daß der Hund nicht mit den Putzmitteln in Berührung kommt. Auch frisch gestrichene und noch nicht vollständig getrocknete Möbel können eine Gefahrenquelle sein. Achten Sie auch beim Umgang mit Frostschutzmitteln, Schuhcremen, Unkrautvernichtungsmitteln, Kosmetikartikeln, Bleichmitteln, Holzschutzmittel usw. darauf, daß der Hund nicht an sie herankommt.

Was soll man bei Anzeichen einer Vergiftung tun?

Wenn Sie den Hund dabei erwischen, wie er gerade etwas Giftiges frißt oder aufschleckt, hindern Sie ihn, wenn möglich, am Schlucken des Gegenstandes, beziehungsweise wischen Sie ihm das Maul aus. Suchen Sie so schnell wie möglich einen Tierarzt auf. Bringen Sie den Giftbehälter mit, oder notieren Sie den Namen des Giftes.

Treten schon Vergiftungserscheinungen auf, fahren Sie unverzüglich zum Tierarzt, während Ihre Helfer ihn telefonisch von Ihrer Ankunft und der Art der Vergiftung verständigen, damit er das entsprechende Gegengift bereithält oder – falls es keines gibt – die nötige Therapie vorbereitet. Häufig geht es um Leben oder Tod (Oleander, Rattengift).

Gegenmittel

Wenn binnen kurzer Zeit kein Tierarzt zu erreichen ist, kann auch versucht werden, einen praktischen Arzt anzusprechen, daß er dem Hund mit Herz- und Kreislaufmitteln, Gegenmitteln und intravenöser Infusion zu Hilfe kommt. Und/ oder Sie rufen in einer Apotheke an, welche Gegenmittel es gegen diese Chemikalie oder gegen dieses Pflanzengift gibt, und lassen Sie es so schnell wie möglich besorgen. Eine weitere Informationsquelle ist die Vergiftungszentrale.

Ist keine Hilfe zu finden, also nur im äußersten Notfall, können Sie selbst versuchen, das Tier vor dem sicheren Tod zu bewahren. (In der Zwischenzeit sollte jemand weiterhin probieren, ärztliche Hilfe herbeizuholen.) Versuchen Sie dem Hund mit, wenn notwendig, gewaltsam eingeflößten großen Flüssigkeitsmengen (Kamillentee) zu helfen. Lassen Sie den Hund je nach Größe 20 bis 30 Tabletten Tierkohle schlucken, und verabreichen Sie ihm ein krampflösendes Zäpfchen.

Geben Sie ihm je nach Größe eine Vierteltablette bis zwei Tabletten eines Digitalispräparates (Lanitop). Flößen Sie dem Tier, wenn es nicht bewußtlos ist, russischen Tee mit darin verrührtem Mehl und Honig ein. Verabreichen Sie ihm je nach Größe fünf bis zwanzig Tropfen Effortil und ebensoviele Tropfen Crataegutt-Liquidum zur Stärkung des Kreislaufes und der Herzmuskeln. Bewährt haben sich auch ein bis zwei Mokkalöffel bzw. Eßlöffel Bohnenkaffee, um den Kreislauf zu stützen. Halten Sie das Tier warm und bei Bewußtlosigkeit die Atemwege frei.

19. Betreuung des kranken Hundes

Die beste Krankenschwester für einen kranken Hund ist der Besitzer und das beste Spital ist sein Zuhause. Von seiner Familie getrennt zu sein, ist gerade für das kranke Tier eine große seelische Belastung, die sicher auch körperliche Folgen hat. Nach einer Operation sollte ein vierbeiniger Patient daher nur dann in der Obhut des Tierarztes bleiben, wenn eine intensive medizinische Betreuung notwendig ist.

Daher sollte jeder Besitzer die einfachsten Handgriffe für die Betreuung des Hundes beherrschen. Lassen Sie sich, bevor Sie zum ersten Mal zur Tat schreiten, vom Tierarzt erklären und zeigen, wie man Fieber mißt, Tropfen verabreicht oder Tabletten eingibt.

In den letzten dreißig Jahren hat sich die Chirurgie am Hund von der sehr einfachen Ansammlung von Eingriffen zu einem nach Organen und Indikationen geordneten wissenschaftlichen Fachgebiet entwickelt. Ursache dafür war die zunehmende gesellschaftliche Bedeutung des Hundes resultierend aus einer immer wichtiger und enger werdenden Mensch-Tier-Beziehung. Aus Liebe zum Hund möchte der Besitzer seinem Vierbeiner ein längeres, lebenswertes Leben sichern.

Durch diese Herausforderung haben Kleintierchirurgie-Spezialisten unzählige neue Operationsverfahren für die verschiedenen Leiden des Hundes entwickelt. Alle diese Operationen können aber nur gelingen und zum gewünschten Erfolg führen, wenn alle Beteiligten optimal zusammenarbeiten. Die kreative und verantwortungsvolle Mitarbeit des Hundebesitzers vor und nach dem Eingriff ist unbedingt erforderlich. Nur er weiß letztlich, was speziell seinem Hund zumutbar ist.

Wovon hängt der Erfolg einer Operation ab?

Ein optimaler Operationserfolg hängt sehr stark vom Zustand des Hundes und von der Erkrankung ab. Er ist nur möglich, wenn:

- der Hund entsprechend gründlich untersucht wird;
- vor der Operation der Besitzer ausreichend informiert wird;
- das Tier vom Besitzer vorschriftsmäßig vorbereitet wird;
- vom Tierarzt ein indikationsgerechtes Operationsverfahren gewählt wird;
- der Hund sorgfältig auf die Operation vorbereitet wird;
- die Operation vom Tierarzt gewissenhaft durchgeführt wird;
- die bestmögliche postoperative Betreuung des Patienten seitens des Tierarztes und vor allem seitens des Besitzers erfolgt.

Nachbehandlung

Diese Nachbehandlung ist viel schwieriger und risikoreicher als beim Menschen, weil der Hund nicht weiß, daß er gewisse Dinge jetzt nicht tun darf. Er versteht vor allem nicht, warum er zum Beispiel für eine Zeitlang nicht springen darf, warum er einen so merkwürdig riechenden Verband tragen muß, warum er nicht an der Operationsnarbe knabbern darf, obwohl sie so juckt usw.

Was kann der Hundebesitzer tun, um zu einem optimalen Operationsergebnis beizutragen?

Zunächst muß die vom Tierarzt angegebene Zeit der Nüchternheit beim Hund genau eingehalten werden. Bei kleineren Eingriffen sind das 24, bei größeren 36 Stunden vor der Operation, in denen er nichts zu fressen, sondern nur Wasser zu

trinken bekommt. Unter Umständen darf man dem Tier Kamillen-, Pfefferminztee oder etwas Coca Cola geben. „Mein armes Tier darf nicht so lange hungern“, glauben die Hundebesitzer etwas Gutes zu tun, wenn sie den Hund trotzdem füttern. Die mögliche Folge: Er erbricht während der Narkose und erstickt unter Umständen.

Ist das Tier älter, sollte der Besitzer, auch wenn es ihm ansonsten völlig gesund erscheint, einer gewissenhaften Durchuntersuchung vor der Operation zustimmen.

Ist der Hund stark verschmutzt, sollte er vor dem Operationstag gebadet werden.

Schlecken verboten

Nach der Operation muß verhindert werden, daß Schmutz in die Operationswunde gelangt, und der vierbeinige Patient muß unbedingt daran gehindert werden, mit Zunge, Zähnen oder Pfoten an sie heranzukommen. Der Beißkorb, ein Kragen, eine selbstgebastelte „Hose“, Verbände usw. schützen die Wunde. Reißt oder beißt das Tier die Wunde auf, kann dies lebensbedrohend werden. Die Meinung, es sei heilungsfördernd für die Wunde, wenn der Hund daran schleckt, ist ein Ammenmärchen. Nur Heilsalben sind gut für Wunden und – wenn vom Tierarzt empfohlen – eine Wärmelampe.

Wie wichtig ist die Nachbehandlung nach einem Eingriff?

Viele Besitzer glauben, sobald der Veterinärchirurg die Operation beendet hat, sei ihr Liebling gesund. Ein Tierarzt kann jedoch nicht zaubern, und Nähte sind nicht zur Show da. Passiert mit ihnen etwas, heißt es oft „wahrscheinlich wurde nicht gut genäht“. Ein Hund ist jedoch äußerst erfinderisch, wenn es darum geht, diese schmerzenden, juckenden, lästigen Fäden loszuwerden. Er muß ständig beobachtet werden.

Es kann gar nicht oft genug betont werden, daß die Nachbehandlung genauso wichtig wie die Operation ist. Diese Verantwortung kann kein Tierarzt dem Hundebesitzer abnehmen. Befolgen Sie seine Anweisungen, die natürlich vom jeweiligen Eingriff abhängen, so genau wie möglich.

Beobachtung der vitalen Funktionen

Beobachten Sie die vitalen Funktionen des Patienten noch aufmerksamer als sonst: frißt er, trinkt er, und verrichtet er sein kleines und großes Geschäft? Besonders bei Stoffwechsel- und Organerkrankungen sind diese postoperativen Maßnahmen äußerst wichtig. Bemerken Sie auch nur eine kleine Abweichung, informieren Sie sofort den Tierarzt!

Was ist nach einer Knochenbruch-Operation zu beachten?

Es hängt von der Art eines Bruches und von der Bruchstelle ab, wie fest der Veterinärchirurg die Knochenteile zusammenbauen kann. Dementsprechend muß die sechs bis acht Wochen dauernde Nachbehandlung zu Hause von strengsten Vorsichtsmaßnahmen begleitet sein.

Schaftbruch

Bei einem einfachen Schaftbruch, der mit einer Platte und acht Schrauben versorgt wurde, braucht der Besitzer nur achtzugeben, daß der Hund nicht tobt und springt, er kann aber vorsichtig und langsam mit ihm an der Leine gehen. Freilassen darf er ihn nicht.

Trümmerbruch

Handelt es sich um einen schweren, gelenknahen Trümmerbruch, bei dem der Tierarzt keine übungs- und belastungsstabile innere Fixierung machen konnte, muß der Hund eine Schiene tragen. Diese loszuwerden, wird der Hund ebenfalls mit allen Mitteln versuchen. Die logische Schlußfolgerung daraus: Paßt nicht jemand acht Wochen lang quasi Tag und Nacht auf den Hund auf, reißt er schließlich die Schiene herunter, zerstört damit die Knochenfixation und kann unter Umständen ein Krüppel bleiben. Auf jeden Fall ist eine weitere, noch kompliziertere Operation notwendig.

Nach Entfernung der Schiene, Platten, Schrauben, Nägel usw. ist wie bei Menschen eine pas-

Gymnastik

sive und aktive Gymnastik zur Muskelbildung und zur Wiederherstellung der vollen Beweglichkeit unerläßlich. Der Tierarzt wird Ihnen die entsprechenden unerläßlichen Übungen, die Ihnen und Ihrem Hund sehr viel Geduld und Mühe abverlangen werden, erläutern.

Was ist speziell bei Gelenksoperationen zu beachten?

Bei Operationen an den Gelenken ist das Endziel natürlich, daß der Hund wieder schmerzfrei und unbeschwert laufen und springen kann. Dazu braucht er hauptsächlich Streckmuskulatur. Diese muß schon einen Tag nach der Operation aktiviert werden, damit nach einigen Wochen die erwartete Bewegungsfähigkeit des Hundes wieder gegeben ist.

Das erreicht man mit passiver Gymnastik. Dazu näht man entsprechende Gewichte in Stoffsäckchen ein und befestigt sie am Bein. Mit Reizstromgeräten werden die Extensoren aktiviert. Halten Sie sich bei allen diesen Übungen streng an die Anweisungen und Empfehlungen des Veterinärs.

Wie mißt man die Körpertemperatur eines Hundes?

Die Normaltemperatur eines Hundes beträgt 38,2 bis 38,8°C. Alles, was über 39°C liegt, bedeutet Fieber, das ein Hinweis auf eine Erkrankung des Tieres sein kann. Wenn der Hund Untertemperatur (unter 37,8°C) hat, muß der Tierarzt aufgesucht werden.

Kinderthermometer

Zum Messen der Temperatur ist ein bruchsicheres, kleines, elektronisches Digitalthermometer für Kinder sehr praktisch. Aber auch jedes andere ist brauchbar. Packen Sie den Hund zart, aber bestimmt bei der Schwanzwurzel. Eine zweite Person muß das Tier dabei halten, damit es ruhig bleibt. Zu sehr aufregen darf sich der Hund aber nicht dabei. Dann hätte das Meßergebnis nämlich keinen Wert, weil die Körpertemperatur des Tieres durch Aufregung steigt. Führen Sie nun das eingefettete Thermometer parallel zur Wirbelsäule etwa einen Zentimeter in den After des Hundes ein. Das Quecksilberthermometer muß so lange im After bleiben, bis die Quecksilbersäule steigt und schließlich stehenbleibt (durchschnittlich fünf bis zehn Minuten).

Wie verabreicht man dem Hund ein Zäpfchen?

Mit schmerzstillenden Kinderzäpfchen, die man immer zu Hause haben sollte, können Sie dem Hund viele unnötige Leiden und Schmerzen ersparen. Heben Sie den Schwanz des Hundes mit einer Hand hoch (kleine Hunde kann man dabei auf den Schoß nehmen), und schieben Sie mit der anderen das eingefettete Zäpfchen vorsichtig in den After des Tieres.

Wie verabreicht man flüssige Medikamente?

Es gibt Tropfen, die Hunden sehr gut schmekken. Ansonsten empfiehlt es sich, sie mit Honig zu mischen. Präsentiert man sie dem Hund in einem Schüsselchen, wird er es sauber ausschlecken. Fragen Sie den Tierarzt, ob es dem Medikament schadet, wenn es unter das Fressen gemischt wird.

Lefzentasche

Ansonsten flößen Sie dem Hund das Medikament ein. Ziehen Sie zu diesem Zweck seine Lefzen seitlich weg, dadurch bildet sich eine Lefzentasche, in die Sie die Flüssigkeit in kleinen Portionen problemlos hineingießen können. Warten Sie, bis der Hund geschluckt hat, und wiederholen sie die Prozedur, bis alles eingegeben ist.

Wie verabreicht man Tabletten?

Wie bei Tropfen muß man den Arzt fragen, ob es erlaubt ist, Tabletten zerkleinert unter das Futter des Hundes zu mischen. Die Futterportion sollte dann so klein sein, daß sie auch wirklich gefressen wird. Oder das Medikament wird in besonders gute Leckerbissen eingewickelt.

Ansonsten öffnet man dem Hund das Maul (siehe Kapitel 25, Seite 166) und versucht die Tablette möglichst weit in den Rachen einzubringen, damit der Schluckreflex ausgelöst wird. Danach schließt man das Maul des Hundes, hält seinen Kopf hoch, massiert dabei zart seine Kehle von oben nach unten, damit die Tablette auch wirklich geschluckt wird.

Wie verabreicht man dem Hund Ohrentropfen?

Wärmen Sie die Tropfen zuerst in einem Glas mit heißem Wasser oder in der Hand auf Körperwärme an. Ziehen Sie nun die Ohrmuschel seitlich etwas hoch, und tropfen Sie das Mittel langsam ein. Massieren Sie sofort das Ohr des Hundes am Ansatz, damit nicht alle Mühe vergebens war. Seien Sie auf alle Fälle darauf gefaßt, daß der Hund den Kopf anschließend kräftig schütteln könnte. Schützen Sie Ihre Kleidung und die nächstliegende Wohnungseinrichtung vor den möglichen Spritzern.

Wie verabreicht man ein Augenpräparat?

Augenlider spreizen

Wärmen Sie das Präparat in der Hand oder in der Hosentasche etwas vor, und bitten Sie jemanden um Hilfe. Nehmen Sie den Hund mit der einen Hand sanft, aber bestimmt am Kopf, spreizen Sie mit Daumen und Zeigefinger der anderen Hand vorsichtig die Augenlider in der Mitte des Auges auseinander. Der Helfer tropft nun das Augenmittel mit großer Vorsicht und Sorgfalt in einigen Zentimetern Abstand ins Auge ein beziehungsweise läßt eine entsprechende Portion der Augensalbe auf den Augapfel gleiten.

Achten Sie dabei darauf, daß nicht die Schleimhaut mit dem Tropfer oder der Spitze der Salbentube in Berührung kommt. Erstens könnte es zu Verletzungen des Auges kommen, und zweitens könnten dabei Bakterien übertragen werden.

Bevor sie mit der Prozedur beginnen, sollten

Sie den Hund kraulen und beruhigend auf ihn einreden. Nachher bekommt er einen Leckerbissen als Belohnung.

20. Infektionskrankheiten

In jenen Ländern, in welchen die Hundepopulation gegen Infektionskrankheiten jährlich regelmäßig geimpft wird, sind diese lebensbedrohenden Gefahren bis auf wenige Ausnahmen praktisch ausgerottet. Während früher Viruserkrankungen bei Hunden häufig waren und mehr oder weniger tödlich verlaufen sind, treten sie jetzt äußerst selten auf. Dadurch haben solche Institutionen wie Staupekliniken (z.B. in Budapest), die früher überfüllt waren, ihren Einsatzbereich praktisch verloren.

Leider sind viele Hundebesitzer leichsinnig geworden, weil ihnen das tragische Beispiel eines Staupehundes aus eigener Anschauung fehlt. Dem armen Tier rinnt zunächst Eiter aus Nase und Augen, es hustet, hat Fieber und Durchfall. Im fortgeschrittenen Stadium kommt es zu Krämpfen und Bewegungsstörungen. Ohne Behandlung stirbt es nach wenigen Wochen. Und auch trotz der langwierigen Behandlung können bleibende Schäden zurückbleiben.

Darum kann man nicht genug mahnen und muß eine ausdrückliche Empfehlung an alle Hundebesitzer aussprechen, den Hund im Welpenalter gegen alle drohenden Infektionskrankheiten, gegen die bereits ein Serum gefunden wurde, grundimmunisieren zu lassen und ihn dann jährlich regelmäßig zu den Wiederholungsimpfungen zu bringen.

Die Kosten für die vorbeugenden Impfungen stehen in keinem Verhältnis zu jenen, die dann die Behandlung des erkrankten Tieres ausmachen. Ganz zu schweigen von den Schmerzen und dem Leid, das man dem Tier und sich ersparen kann. Erkrankt ein Hund an einer Infektionskrankheit, muß er sofort von anderen isoliert werden, denn es besteht hohe Ansteckungsgefahr.

Welche gefährlichen Infektionskrankheiten kommen bei Hunden vor?

Die sechs gefährlichsten Infektionskrankheiten, gegen die es bereits einen Impfstoff gibt, sind: Staupe, die in drei Versionen auftritt, ansteckende Leberentzündung (infektiöse Hepatitis), Zwingerhusten, Stuttgarter Hundeseuche (Leptospirose), Parvovirose und Tollwut. Letztere verläuft immer tödlich.

Keinen Impfstoff gibt es noch gegen die Coronavirusinfektion und die Aujeszky-Krankheit, die ebenfalls in jeden Fall zum Tod des Hundes führt.

Kann eine Infektionskrankheit trotz Impfung ausbrechen?

Während ein Ausbruch der übrigen Infektionskrankheiten durch die Impfung völlig verhindert wird, kann es bei der Parvovirose trotz Impfung zur Erkrankung des Hundes kommen. Die Parvovirose verläuft dann jedoch schwächer und ist gut beherrschbar. Einen besseren Impfschutz gegen die Parvoviroseinfektion erzielt man durch eine mehrmalige aktive Immunisierung innerhalb von drei Monaten.

Wie verläuft Parvovirose, und wie hilft man dem Hund bei der Genesung?

Hauptursache für die Ansteckung ist virushaltiger Kot von kranken oder einst kranken Hunden. (Die Erreger bleiben jahrelang wirksam.) Wird ein Hund angesteckt, bekommt er zunächst Fieber und wird matt. Bald darauf stellen sich Erbrechen und schwerer, meist blutiger Durchfall ein. Erkrankte Hunde müssen sofort in tierärztliche Behandlung. Ohne rascheste Behandlung kann der Hund binnen zwei Tagen verbluten. Er bekommt außerdem einen Herzmuskelschaden, ähnlich einem Herzinfarkt.

Herzmuskelschaden

Ein Hundebesitzer, der seinen Vierbeiner retten will, muß jetzt auf drei bis zehn schlimme Tage gefaßt sein. Der Hund muß ständig Flüssigkeit in Form von Infusionen und Bluttransfusionen vom Tierarzt und in Form von Tee mit Mehl, Haferschleim und Reisschleim mit Kochsalz vom Besitzer in kleinsten Zeitabständen verabreicht bekommen. Werden alle Anweisungen des Tierarztes befolgt, kann der Hund gerettet werden. Aber schon das geringste Nachlassen oder der kleinste Fehler kann böse Folgen haben.

Durch welche äußeren Anzeichen macht sich Staupe bemerkbar?

Staupe ist eine der bekanntesten und gefürchtetsten Infektionskrankheiten des Hundes. Sie wurde durch die Impfung zwar stark zurückgedrängt, ist jedoch noch nicht verschwunden. Der Hund kann sich nicht nur durch Kontakt mit anderen Hunden anstecken, Gefahr droht zum Beispiel auch von Marder und Frettchen im Wald.

hohes Fieber, Augen- und Nasenausfluß

Erste Krankheitsanzeichen treten ungefähr eine Woche nach der Ansteckung auf. Das Tier hat hohes Fieber, ist appetitlos und matt. Dazu kommt ein anfänglich wässrig-klarer Augen- und Nasenausfluß, der dann zähflüssig-eitrig wird. Dieser Ausfluß ist in höchstem Maße ansteckend.

Entweder unmittelbar darauf oder auch nach einer fieberfreien Phase können – je nach Art der Staupe – Erbrechen, wässrig bis blutiger Durchfall, Husten, Atembeschwerden und Lungenentzündung sowie eine Verhärtung der Fußballen auftreten. Die nervöse Form der Staupe verursacht eine Schädigung des Gehirns. Die Folgen: Zittern, Gleichgewichtsstörungen, Lähmungen und Krampfanfälle, vergleichbar etwa der Epilepsie. Diese Version verläuft tödlich.

Ist Staupe heilbar?

Ohne Behandlung führt Staupe innerhalb weniger Wochen zum Tod des Hundes. Aber auch wenn sie behandelt wird, können irreversible Schäden zurückbleiben. Den Hund zu behandeln ist jedoch nur dann sinnvoll, wenn er im Anfangsstadium der Erkrankung zum Tierarzt gebracht wird. Solange Augen und Nase rinnen, der Hund hustet und Brechdurchfall hat, kann die sehr intensive Behandlung eventuell erfolgreich sein. Sind einmal die Fußballen verhärtet, oder zeigt der Hund schwere nervale Störungen (er läuft im Kreis, verliert sein Gleichgewicht, hat Krämpfe usw.), sind die Aussichten auf Heilung äußerst gering.

Woran sind infektiöse Hepatitis, Leptospirose, Coronavirusinfektion und Zwingerhusten erkennbar?

Leberschädigung

Wie alle Infektionskrankheiten beginnt Hepatitis mit Fieber, allgemeiner Mattigkeit und Appetitlosigkeit. Später kommen Augen- und Nasenausfluß dazu, daher hat man diese Krankheit früher oft mit der Staupe verwechselt. Die Leberschädigung verursacht unter anderem Störungen in der Blutgerinnung, daneben kann es auch zu Hornhauttrübung und zu chronischen Nierenschäden kommen.

Gelbsucht

Leptospirose kann auch auf den Menschen übertragen werden und verursacht ansteckende Gelbsucht. Die Viren werden mit dem Harn des Hundes ausgeschieden und bleiben lange wirksam. Erkrankte Hunde erheben sich nur ungern und jaulen vor Schmerzen auf, wenn sie in der Nierengegend berührt werden.

Darminfektion

Die Coronavirusinfektion ist eine hochansteckende Darminfektion. Sie äußert sich ähnlich wie die Parvovirose, verläuft aber nicht so schwer.

Der Zwingerhusten (Virushusten) ist eine Erkrankung der Luftröhre und der Bronchien. Er befällt hauptsächlich Tiere, die auf engem Raum, zum Beispiel eben im Zwinger, zusammenleben müssen, und äußert sich in gequältem, trockenem Husten, der anfallsweise auftritt.

Wie verhält man sich richtig, wenn der Verdacht besteht, daß der Hund Tollwut hat?

Ich muß gleich einleitend sagen, daß ich in meiner über 25jährigen Praxis erst mit zwei Fällen von Tollwut konfrontiert war. Die Viren werden von kranken Tieren (v. a. Fuchs!) mit dem Speichel ausgeschieden. Befallene Tiere sind daran zu erkennen, daß sie zunächst ein von der Norm abweichendes Verhalten an den Tag legen. Sie werden extrem ruhig und abnormal freundlich. Ein besonders zutraulicher Fuchs sollte bei jedem, der ihm begegnet, alle Alarmklingeln zum Läuten bringen. Berühren Sie auch einen überfahrenen Fuchs nicht mit der bloßen Hand. Im zweiten Stadium werden die Tiere aggressiv und beißen sofort zu. Innerhalb weniger Tage schreitet die Lähmung bis zum Tod des Tieres rasch voran.

Isolierung

Besteht der Verdacht, daß der Hund von einem tollwütigen Tier gebissen wurde, muß er sofort von anderen Tieren isoliert und zum Tierarzt gebracht werden. Einen nicht geimpften, von Tollwut befallenen Hund zu behandeln, ist gesetzlich verboten.

Geimpfte Tiere kommen zwei Wochen zur Beobachtung in Quarantäne. Hat der Hund jemanden gebissen, sollte er auf keinen Fall eingeschläfert werden, sondern an ihm die notwendigen tierärztlichen Untersuchungen durchgeführt werden, um festzustellen, ob er Tollwut hat. Stirbt der Hund, muß er auf die Pathologie geschickt werden, um auf diese Art eine eventuelle Ansteckung zu verifizieren.

Die beste Vorbeugung für den Hund: jedes Jahr impfen und sich erst gar nicht in Tollwutsperrbezirke begeben.

Was ist die Ursache für die Aujeszky-Krankheit?

Die Aujeszky-Krankheit, besser bekannt unter ihrem populären Namen Juckpest oder Pseudowut, ist eine tödlich verlaufende Virusinfektionskrankheit. Hunde stecken sich damit durch virusverseuchtes rohes Schweinefleisch (selten

Rindfleisch) oder erkrankte Ratten an. Infizierte Hunde werden müde, verlieren an Appetit und beginnen manchmal, sich zwanghaft zu lecken, zu kratzen oder zu beißen. Der Tod tritt sehr bald, spätestens nach drei Tagen unter Krämpfen oder Lähmung ein. Mein Rat daher: Füttern Sie Hunde niemals mit rohem Fleisch und schon gar nicht mit Schweinefleisch, auch wenn es gekocht ist!

verseuchtes rohes Schweinefleisch

21. Haut, Haare und äußere Parasiten

Haut und Haare des Hundes sind ein Spiegel seines Allgemeinzustandes. Auf die Haut mit dem Fell als Bezugsorgan zu allen inneren Organen projizieren sich viele Erkrankungen. Daher kann der Fachmann vom Zustand der Haut und des Haarkleides Rückschlüsse auf verschiedene Erkrankungen des Hundes ziehen. Ist die Haut spröde und unelastisch, das Fell matt, stumpf und struppig, kann ein Nierenproblem die Ursache sein.

Nur mit einem Vitaminpräparat das stumpfe Fell eines kranken Hundes zum Glänzen bringen zu wollen, kann daher nicht prinzipiell gelingen. Es müssen immer die Ursachen erforscht, erkannt und behandelt werden.

Durch die Umweltverschmutzung haben die Reizzustände der Haut und damit die dermatologischen Probleme nicht nur beim Menschen rapide zugenommen. Auch Hunde leiden immer häufiger darunter, meistens in Form von Ekzemen. Die herabgesetzte Widerstandsfähigkeit begünstigt die Ansiedlung von Pilzen, und es kommt sehr oft zu Pilzekzemen. Ihre Behandlung ist sehr langwierig. Viele Hautprobleme werden durch Störungen im Hormonhaushalt verursacht (siehe Kapitel 22, Seite 148). Auch falsche Ernährung kann zu Hautausschlägen führen.

Bestimmte Hunderassen neigen mehr als andere zu Hautkrankheiten. Terrier zum Beispiel, insbesondere Bullterrier, leiden oft an juckenden Ekzemen und

Hautpilzerkrankungen. Außerdem heilen Hautwunden bei ihnen besonders narbig und langsam. Hunde mit Hautfalten (Shar Pei) tendieren dort zu Entzündungen, der Mops vor allem in den Falten über der Nase. Diese müssen ständig kontrolliert und sauber gehalten werden. Ältere kurzhaarige weiße Hunde bekommen leichter Hautgeschwüre als langhaarige.

Sehr wichtig ist die regelmäßige Fellpflege mit Kamm und Bürste. Nicht nur aus ästhetischen Gründen, sondern weil dabei auch die Haut besser durchblutet wird und die Haare besser mit Sauerstoff versorgt werden. Langhaarrassen sollten täglich gekämmt und gebürstet werden, damit sich das Fell nicht verknotet und verfilzt. Kurzhaarrassen werden zweimal in der Woche gebürstet. Bei Welpen beginnt man je nach Größe des Hundes so früh wie möglich mit zarter Fellpflege.

Warum haaren manche Hunde so stark?

Haustiere verlieren das ganze Jahr über Haare. Einmal mehr, einmal weniger. Das ist noch kein Grund zur Besorgnis. Wenn der Hund jedoch plötzlich abnormal viele Haare verliert, wenn sie ihm sogar büschelweise ausgehen, muß der Tierarzt konsultiert werden.

Vitaminmangel

Der Haarausfall kann zahlreiche Ursachen haben. Es kann Vitaminmangel vorliegen, ein Mangel an Spurenelementen und Mineralstoffen, eine Störung des Hormonhaushaltes, des Stoffwechsels oder eines Organes (Niere, Leber, Bauchspeicheldrüse, Schilddrüse, Nebenniere usw.).

Hormonstörungen

Bei manchen Hormonstörungen und nach Vergiftungen (Rattengift und andere Gifte, vor allem Schwermetalle) geht das Haar büschelweise aus. Bei einigen Hunden dauert auch der alljährliche Fellwechsel im Frühjahr und im Herbst außergewöhnlich lang. Normal sind zwei bis drei Wochen.

Was im Einzelfall die Ursache ist, kann nur der Tierarzt anhand von gezielten Untersuchungen feststellen. Kurze Zeit kann versucht werden, den Haarausfall durch Beigabe von Eiern, Weizenkeimen und Bierhefe zum Fressen zu beheben. Auch Vitaminpräparate, die den ganzen Vitamin-B-Komplex umfassen, können verabreicht werden. Führt dies nicht nach zwei bis drei Wochen zum gewünschten Erfolg, wird der Tierarzt

mit Labortests der Ursache auf den Grund kommen. Danach wird sich die Therapie richten.

Was kann die Ursache sein, wenn der Hund sich dauernd kratzt?

Kratzt der Hund sich dauernd, kontrolliert man zunächst sein Fell. Dabei stellt es sich sehr schnell heraus, ob der Hund von äußeren Parasiten (Flöhen) geplagt wird. Juckreiz tritt aber auch bei Ekzemen, Allergien, Diabetes mellitus, Nierenerkrankungen, Hormonstörungen und der Aujeszky-Krankheit (siehe Seite 136) auf. In jedem Fall muß der Hund zum Tierarzt, der die Ursache klären und bekämpfen wird.

Ekzeme

Die Behandlung von Ekzemen ist sehr langwierig. Zunächst muß dem Hund der Juckreiz genommen werden. Durch das fortwährende Kratzen kommt es sonst zu offenen Wunden. Auch deren Heilung, herbeigeführt durch Salben, Tabletten und Injektionen, juckt. Der Hund kratzt sich daher weiter. Ein Teufelskreis!

Kratzen verboten

Diesen gilt es zu durchbrechen. Man muß es dem Hund unmöglich machen, sich zu kratzen und zu beißen. Dies ist nur mit einem Beißkorb, über den man einen Nylonstrumpf zieht, einem Halskragen und vier Leder-„Schuhen" an den Pfoten möglich. Falsches Mitleid mit dem derart aufgerüsteten Stubenhocker, der natürlich versuchen wird, dies alles loszuwerden, verlängert nur unnötig die Qualen und die Heilungsdauer der Hautkrankheit. Der Tierarzt kann ihm, wenn nötig, mit Beruhigungsmitteln das Leben erleichtern.

Warum knabbern manche Schäferhunde andauernd an ihren Vorderbeinen?

Wenn der Schäferhund dauernd an seinen Vorderbeinen beißt und dabei nußgroße Hautschäden entstehen, handelt es sich vermutlich um die sogenannte Neurodermatitis. Das ist eine Hautentzündung, die nur die Vorderbeine dieser Hunderasse befällt. Sie ist weder mit Salben noch mit Injektionen zu heilen. Die einzige Lösung ist die chirurgische Entfernung des chronisch entzündeten Hautgebietes.

Warum kratzen sich manche Spaniels ununterbrochen an den Lefzen?

Der Spaniel hat an den Unterkieferlefzen, meistens in Höhe des Eckzahnes, beidseitig eine Hautfalte. Dort bildet sich sehr häufig ein stark juckendes, nässendes und übel riechendes Ekzem. Dieses Lefzenekzem läßt sich weder mit Injektionen noch mit Salben oder sonstigen Mitteln zur Abheilung bringen. Die chirurgische Entfernung der gesamten Hautfalte löst das Problem für immer.

Welche äußeren Parasiten können Hunde befallen?

Die verbreitetsten und lästigsten äußeren Parasiten, die Hunde befallen können, sind Flöhe. Daneben gibt es aber auch noch eine Reihe weiterer winziger sechs- und achtbeiniger Tierchen, die den Hund peinigen und Hauterkrankungen hervorrufen können.

Ihre Bewegungen und Ausscheidungen bewirken Entzündungen und können auch Allergien zur Folge haben. Sie können die Haut schädigen und künftigen Infektionen den Weg bereiten. Einige übertragen Krankheiten (Flöhe zum Beispiel den Bandwurm), andere produzieren Gifte, die den Hund krank machen.

Symptome

Ob ein Hund von Parasiten befallen wurde, erkennt man daran, daß er sich verstärkt und oft an derselben Stelle kratzt, daß die Haut entzündete Stellen aufweist und die Haare ausfallen. Ist der Hund erst einmal von einem Parasiten befallen, ist es meist sehr mühsam, das Tier und die ganze Wohnung wieder davon zu befreien.

Woran erkennt man, daß der Hund Flöhe hat?

Spätestens dann, wenn Sie selbst zum ersten Mal von einem Floh gebissen wurden, wissen Sie, daß diese Quälgeister in der Wohnung Einzug gehalten haben. Einem aufmerksamen Hundehalter werden jedoch sofort nach diversen Ausflügen des Hundes ins Freie folgende Merkmale auffallen: Erstens finden sich im Fell und auf den bevorzugten Liegeplätzen des Hundes zahlreiche, fast schwarze Körnchen, die wie Kohlenstaub aussehen. Kommen sie mit Wasser in Berührung, färben sie die Unterlage rot. Man hat es also eindeutig mit bluthaltigem Flohkot zu tun.

Flohkot

Zweitens kratzt sich der Hund natürlich vermehrt meist im Bereich des Halses, hinter den Ohren und am Schwanzansatz. Hier sitzen die Flöhe nämlich am liebsten.

Schließlich wird es Ihnen nicht erspart bleiben, einige dieser unendlich lästigen Tierchen vor Augen zu bekommen. Dann nämlich, wenn sie sich mit einem gewaltigen Satz in Sicherheit zu bringen versuchen. Oder wenn ein Floh es sich gerade auf Ihrem Bein gemütlich macht, um an Ihr Blut zu gelangen.

Wie bekämpft man Flöhe?

Lassen Sie sich vom Tierarzt ein gutes Flohmittel verschreiben. Eines der wirksamsten wird zwischen die Schulterblätter des Hundes aufgetropft und behält seine Wirkung sehr lange. Es gibt aber auch Flohkämme, Flohpuder, Flohhalsbänder (Vorsicht! Wenn sie naß werden, kann es zu Verbrennungen der Haut kommen.), Flohmedaillons, Sprays und insektentötende Shampoos.

Aber nicht nur der Hund, auch die Wohnung muß von Flöhen und deren Eiern und Larven befreit werden, um einen erneuten Befall des Hundes zu verhindern. Ein wirksames Mittel ist dabei der Staubsauger. Eier und Larven leben nämlich in Ritzen und Ecken und nähren sich vom dort abgelagerten Flohkot. Nach der gründlichen Reinigung muß der Inhalt des Staubbeutels verbrannt werden. Sprühen Sie auf alle möglichen und unmöglichen Stellen Insektenspray, der für Hunde unschädlich ist, und beziehen Sie

Wohnung gründlich reinigen

alle im Haus lebenden Tier bei der Flohbekämpfung mit ein.

Können Hundeflöhe auch den Menschen befallen?

Leben können Hundeflöhe nicht am Menschen. Doch sie können ihn beißen. Dies hinterläßt, wie beim Hund, kleine, rote Flecken. Dabei bevorzugen die Quälgeister die Beine des Menschen. Entdeckt man den dunkelbraunen Parasiten erst einmal auf sich, ist es meist schon zu spät. Der Speichel des Flohs verursacht einen starken Juckreiz.

Was ist zu tun, wenn der Hund Zecken nach Hause bringt?
mit Pinzette entfernen

Diese Plagegeister dürfen auf keinen Fall einfach ausgerissen werden. Man bestreicht sie mit Öl, Petroleum oder Nagellack und wartet ein bißchen. Danach dreht man sie mit einer feinen Pinzette mehrmals gegen den Uhrzeigersinn, bis die Zecke mit Kopf und Beinen anstandslos entfernt werden kann.

Sollte ein Teil des Parasiten in der Haut des Hundes zurückbleiben (am besten, Sie kontrollieren die Haut mit einer Lupe), sollte man sofort zum Tierarzt gehen, der diese Rückstände fachgerecht entfernen wird. Ansonsten kann es zu eitrigen Entzündungen bis hin zur schweren Abszeßbildung kommen. In meiner langjährigen Praxis sind mir auch drei oder vier Fälle von gehirnhautentzündungsähnlichen Erscheinungen nach massivem Zeckenbefall beim Hund untergekommen.

Sind Läuse und Milben bei Hunden häufig?

Meistens werden nur kranke oder geschwächte Hunde von Läusen befallen. Das kommt jedoch nur äußerst selten vor. Bekämpft werden sie am besten durch ein Bad mit einem wirksamen Insektizid.

Es gibt auch noch einige Arten von Milben. Die häufigste ist die Ohrmilbe (siehe Kapitel 24, Seite 161).

Was hat es mit dem „räudigen Hund" auf sich?

Es ist mehr eine Gewohnheit, ein ungepflegtes, zerzaustes Tier als „räudigen Hund" zu bezeichnen, als das dies den Tatsachen entspricht. Durch den Einsatz von Schädlingsbekämpfungsmitteln ist die echte Räude, hervorgerufen durch Milben, sehr selten geworden. Im allgemeinen leiden höchstens unterernährte Jungtiere oder sehr alte, schwache Hunde daran. Hat der Tierarzt eindeutig festgestellt, daß der Hund unter Räude leidet, wird er eine Räudekur verschreiben.

Können Hunde unter Hautallergien leiden?

Vermutlich durch Umwelteinflüsse haben Hautallergien beim Hund sogar sehr zugenommen. Jede Allergie wird aber durch etwas hervorgerufen. Das können Milben, Flöhe, Pilze, Ekzeme, bestimmtes Futter, Blütenstaub und -pollen oder eine innere Erkrankung sein. Vielleicht haben Sie auch einen bestimmten Strauch oder Gräser im Garten, die das Tier nicht verträgt, es reagiert darauf ähnlich wie der Mensch bei Heuschnupfen.

dermatologische Tests

Um herauszufinden, wo die Ursache liegt, wird der Tierarzt nach der klinischen Untersuchung, noch vor speziellen dermatologischen Tests, abklären, ob innere oder äußere Ursachen dieses Krankheitsbild (zum Beispiel Rötungen der Ohrmuschel, die jucken, rote Flecken in der Schenkelbeuge usw.) hervorrufen. Auch Laboruntersuchungen sind notwendig, um herauszufinden, ob eine Organfunktions-, eine Stoffwechsel- oder eine Hormonstörung vorliegt. Aus allen diesen Untersuchungen wird die definitive Diagnose erstellt und mit einer gezielten Behandlung begonnen.

Welche Ursachen können kleine Knoten am Körper des Hundes haben?

Solange kein histologischer Befund vorliegt, muß man mit Knoten am Körper des Hundes immer sehr vorsichtig umgehen (siehe Kapitel 33, Seite

214). Sie können am Anfang durchaus gutartig sein, im Laufe der Zeit aber bösartig werden. Sind die Knoten so groß wie Haselnüsse oder Nüsse, kann es sich unter Umständen auch um völlig harmlose, verstopfte Talgdrüsen oder Talgdrüsenwucherungen handeln. Auf alle Fälle ist der Tierarzt zu kontaktieren, der durch eine Probeentnahme und einen histologischen Befund feststellen wird, worum es sich handelt.

verstopfte Talgdrüsen

Dürfen Hunde gebadet werden?

Besser ist es, den Hund nur regelmäßig zu kämmen und zu bürsten. Ein Bad nimmt der Haut ihre natürliche Schutzschicht. Dadurch wird sie noch anfälliger für Ekzeme und Pilze. Nur wenn der Hund stark verschmutzt ist, wird er mit einem milden Hundeshampoo gebadet. Dabei ist es wichtig, auf seine Körperöffnungen größte Rücksicht zu nehmen. Das Shampoo darf auf keinen Fall in Augen, Ohren, Mundhöhle, Scheide oder After kommen. Schwerste Entzündungen, Hornhautschäden und unter Umständen auch Verbrennungen können die Folge sein.

mildes Hundeshampoo

Wichtig ist es auch, das Fell sehr gründlich und mit sehr viel Wasser abzuspülen und anschließend mit dem Fön zu trocknen, um Hautreizungen, Ekzeme und Erkältungen zu vermeiden. Eventuell kann das Fell mit einem guten, neutralen Babyöl nachgefettet werden.

Woher kommen rote, eitrige, merkwürdig glänzende Knoten zwischen den Zehen des Hundes?

Insbesondere Boxer, aber auch Dackel und Bullterrier neigen zu chronisch wiederkehrenden Abszeßbildungen zwischen den Zehen. Wenn diese Hunde über Kieselsteine oder über abgemähte Getreidefelder laufen, entstehen zahlreiche kleine Verletzungen der Haut an den Füßen, die sich entzünden und rasch zu eitern beginnen. Es entstehen zwischen den Zehen rote, eitrige und merkwürdig glänzende Knoten.

Zwischenzehen-Abszeß

Diese Zwischenzehen-Abszesse sind äußerst

therapieresistent, das heißt, daß sie trotz gezielter medikamentöser und chirurgischer Behandlung immer wiederkommen können. Vermutlich hängt die Erkrankung mit der Abwehrschwäche und den Abwehrschwankungen des Tieres zusammen. Mit hochwertiger, eiweißreicher Ernährung, mit einer Multivitamin-Mineralstoffmischung, mit Bierhefe und Weizenkeimbeigaben zum Futter sollte man die Heilung unterstützen.

Zwischenzehen-Abszesse können auch durch eindringende Ähren oder Grannen verursacht werden. Wird die Ähre nicht rechtzeitig entdeckt und entfernt, kann sie unter der Haut das Bein aufwärts wandern und weitere Abszesse und Fisteln verursachen.

Kann man etwas gegen Hängelefzen unternehmen?

Bernhardinern (auch Boxern und Spaniels) hängen manchmal die Mundwinkel herab. Und ständig tropft und tropft es. Wenn der gutmütige Riese hungrig ist und sein Fressen riecht, rinnen ganze Bächlein über seine Hängelefzen und beschmutzen Möbel, Kleidung und Teppich.

Doch nicht darum sollten sich Besitzer dieser Hunderassen überlegen, etwas gegen Hängelefzen zu unternehmen, sonder aus gesundheitlichen Gründen: An ihrem Unterkiefer kann sich nämlich durch den ständigen Speichelfluß ein Lefzenekzem bilden.

„Lifting"

Durch eine kleine Operation, die etwa einem Gesichtslifting beim Menschen entspricht, kann dieses Problem rasch behoben werden. Der herabhängende Teil der Lefze wird gespalten und innen mit der Mundschleimhaut zusammengenäht. Oder es wird jener Hautteil am Unterkiefer entfernt, wo sich das Ekzem bildet (etwa in Höhe des Eckzahnes), und die Mundpartie ist wieder in Ordnung.

Kann ein fehlendes Hautstück am Kopf des Hundes ersetzt werden?

Wenn Hunde raufen, kommt es häufig vor, daß einem der beiden Raufbolde am Schluß ein Stück Haut auf der Nase fehlt. Jeder Versuch, die Hautränder zusammenzunähen, muß scheitern, da die Wunde immer wieder aufplatzen würde.

Je nach Lage und Größe der Wunde kann man mit verschiedenen Verschiebe-, Dreh- oder gestielten Hautlappenplastiken aus der Kopfgegend (meist aus der Stirngegend), wo das Tier viel lose Haut hat, den Defekt zudecken.

22. Hormone

Hormone sind Sekrete innerer Drüsen, die in die Blutbahn ausgeschüttet werden und im Körper wichtige Funktionen steuern. Die meisten Probleme beim Hund treten durch einen Überschuß oder den Mangel an Geschlechtshormonen auf. Weitere häufige Erkrankungen können von Nebennieren, von der Bauchspeicheldrüse (ihr Hormon heißt Insulin) und von der Schilddrüse verursacht werden.

Zwischen Haut und Hormonen gibt es einen engen Zusammenhang. Störungen des Hormonhaushaltes projizieren sich sehr eindeutig auf der Hautoberfläche und auch am Fell des Vierbeiners. Oft beklagen sich Hundebesitzer gerade im Frühjahr und im Herbst nach der Läufigkeit ihrer Hündin, daß das Tier sich dauernd kratzt und daß ihm die Haare sehr stark ausgehen.

Natürlich kann ein solches Erscheinungsbild zahlreiche Ursachen haben: Es kann ernährungsbedingt sein, parasitäre Ursachen haben, oder es können verschiedene Organfunktionsstörungen vorliegen. Die Beobachtungen des Besitzers und die klinische, labordiagnostische und dermatologische Untersuchung geben jedoch eine eindeutige Auskunft, mit welchen Hautveränderungen wir es zu tun haben.

Rüden mit einer Überproduktion an Sexualhormonen sind aggressiv, nervös und reiten überall auf. Hündinnen werden scheinträchtig und bekommen

Mammatumore. Störungen der Schilddrüse wirken sich auf den Stoffwechsel und die Haut aus.

Neben diesen Störungen gibt es eine Reihe weiterer hormonell bedingter Erkrankungen beim Hund: Auf eine Erkrankung der Bauchspeicheldrüse ist die Zuckerkrankheit (Diabetes mellitus) zurückzuführen. Auf eine Erkrankung der Hirnanhangdrüse und des Zwischenhirns weist unstillbarer, fast manischer Durst des Hundes eindeutig hin.

Was bedeutet es, wenn dem Hund die Haare symmetrisch ausfallen?

Hormonstörung

Für hormonell bedingte Erkrankungen ist es typisch, wenn dem Hund die Haare vor allem unter der Achsel, am Bauch, in der Lendengegend und an den Innenschenkeln symmetrisch ausfallen. Um sicher zu gehen, daß es sich bei einem Haarausfall um eine Hormonstörung handelt, werden Harn und Blut des Hundes im Labor analysiert, außerdem wird die Haut mikroskopisch untersucht. Eventuell muß sogar eine Hautprobe entnommen und ein histologischer Befund erstellt werden. Dadurch können andere Ursachen, die nicht hormonell bedingt sind, ausgeschlossen werden.

Eierstöcke

Bei Hündinnen, die unter starkem Juckreiz mit zugleich symmetrischem Haarausfall leiden, liegt meistens eine Funktionsstörung der Eierstöcke vor. Bringen Injektionen und Einreibungen auch nach längerer Behandlungszeit keine Heilung, liegt nicht nur eine vorübergehende Störung vor. Vermutlich hat das Tier Eierstockzysten oder einen Eierstocktumor.

In diesem Fall ist eine Kastration (siehe Seite 60) das beste, weil sich damit zu einem hohen Prozentsatz nicht nur die Hautveränderungen wesentlich bessern, sondern auch das Auftreten der Scheinträchtigkeit und schwerwiegende Eierstock-, Gebärmutter- und Brustdrüsenveränderungen für immer verhindert werden.

Was ist die Ursache, wenn ein Rüde sich am ganzen Körper kratzt?

Wenn Rüden sich dauernd am ganzen Körper kratzen und beißen, können haarlose, gerötete Hautflecken entstehen, die nicht mehr abheilen, weil er immer wieder daran beißt. Lassen Sie das Tier untersuchen. Sollten die Bluthamstoffwerte, die Kreatininwerte, der Blutzuckerspiegel usw. in Ordnung sein, handelt es sich mit ziemlicher Sicherheit um eine hormonelle Störung und

Überproduktion an Testosteron

zwar um eine Überproduktion an Testosteron. Als Behandlung erhält der Hund Hormoninjektionen und juckreizstillende und entzündungshemmende Salben. Die sicherste Methode zur raschen Behebung dieser Störung wäre die Kastration.

Was kann man dagegen tun, wenn der Hund sich auf alles Trinkbare stürzt?

Es kommt hin und wieder vor, daß der Hund plötzlich unmäßig zu trinken beginnt. Wo er nur Wasser sieht, stürzt er sich sofort darauf. Sogar die Klomuschel ist nicht sicher vor ihm. Dadurch muß das Tier natürlich auch dauernd urinieren. Sogar in der Nacht. Auch sein Fell glänzt nicht mehr so wie früher. Diese Symptome können natürlich mehrere Ursachen haben. Es kann eine Gebärmutterentzündung vorliegen oder auch eine Nierenentzündung, es kann etwas mit der Bauchspeicheldrüse oder mit dem Hypothalamus zu tun haben oder von hohen Cortison-Gaben herrühren.

Klarheit schaffen eine sorgfältige klinische sowie eine Harn- und Blutuntersuchung. Wenn sich dabei hohe Harnzuckerwerte und eine deutliche Erhöhung der Blutzuckerwerte ergeben,

Unterfunktion der Bauchspeicheldrüse

hat man es offensichtlich mit einer Unterfunktion der Bauchspeicheldrüse zu tun. (Wie beim Menschen reguliert das Hormon Insulin, das die Bauchspeicheldrüse produziert, den Blutzuckergehalt.) Die auslösende Ursache dafür können Hormonstörungen anderer Organe – hervorgerufen zum Beispiel durch Spritzen und Tabletten gegen Läufigkeit, eine Infektion, eine Vergiftung oder ein Unfalltrauma – sein.

Insulin-Injektion

Man verabreicht dem Hund Insulin-Injektionen bis zum Verschwinden des Durstgefühls.

Der Hund wird auf Insulin „eingestellt“. Mit der täglichen Dosierung heißt es allerdings vorsichtig sein, denn eine zu drastische Verabreichung fördert die Abmagerung und verkürzt die Lebenserwartung. Daneben nüssen die Harnzukkerwerte täglich vom Besitzer mit Teststreifen überprüft werden.

Weiters ist eine wöchentliche, später zweiwöchentliche und dann monatliche Überprüfung des Blutzuckergehaltes durch den Tierarzt unerläßlich.

Was ist schuld, wenn der Hund trotz Heißhunger abmagert?

Betroffen sind davon meist ältere Hunde, zumeist Pudel oder Dackel. Trotz Heißhunger und jeder nur möglichen Nahrungsaufnahme magert das Tier ab. Am Hals zeigt sich eine Anschwellung und hie und da hüstelt der Hund.

vergrößerte Schilddrüse

Zusammen weisen diese Symptome vermutlich auf ein Schilddrüsenproblem hin. Eine krankhaft vergrößerte Schilddrüse produziert unter Umständen vermehrt Hormone, dadurch ist der Stoffwechsel, den die Drüse steuert, beschleunigt. Deshalb frißt der Hund so viel. Drückt die Geschwulst auf die Luftröhre, hüstelt der Hund. Nun muß geklärt werden, ob es sich bei der Anschwellung um einen gutartigen oder bösartigen Tumor handelt.

Die beste Lösung ist die Entfernung der Schilddrüse samt Tumor. Dabei muß sorgfältig darauf geachtet werden, daß die Epithalkörperchen unbedingt erhalten bleiben.

Außerdem muß vor der Operation eine Schilddrüsenhormon-Bestimmung erfolgen, um festzustellen, wie hoch der Spiegel ist. Nach der Operation wird der Hormonspiegel noch einmal bestimmt, um die Notwendigkeit und die Höhe des Hormonersatzes festzusetzen.

Nach einer bei einem erfahrenen Chirurgen durchgeführten Operation kann der Hund schon am selben Tag nach Hause mitgenommen werden. Danach muß natürlich regelmäßig Schilddrüsenhormon zugeführt und der Hormonspiegel im Blut immer wieder kontrolliert werden.

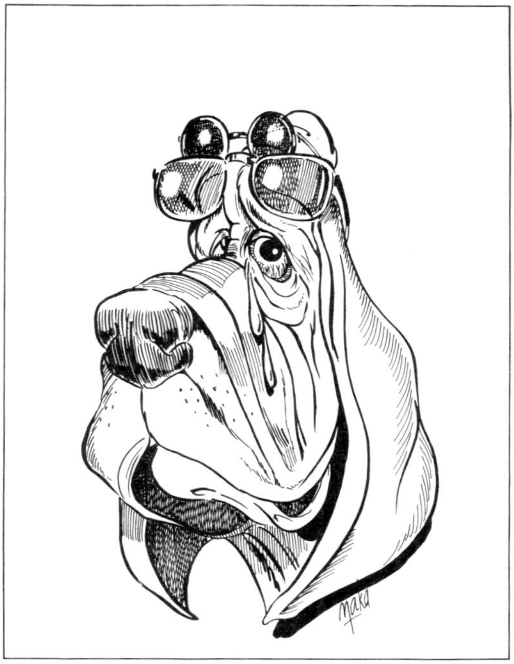

23. Augen

Für den Menschen ist das Auge das wichtigste Sinnesorgan, für den Hund ist es die Nase. Trotzdem eignet sich dieses kluge Tier zum Blindenhund. Ganz sicher führt er seinen Menschen auch durch die dichteste Menschemenge und im richtigen Augenblick über die Straße.

Hundeaugen sind weitsichtig und nehmen vor allem Bewegungen wahr. Dies allerdings auf große Entfernungen. Was sich dort bewegt, sagt dem Hund der Geruchssinn. Angeblich kann ein Hund einen Fuchs in freier Wildbahn auf eine Entfernung bis zu einem Kilometer erkennen. Kommt hingegen der Besitzer seinem Vierbeiner gegen den Wind entgegen, wird ihn das Haustier erst innerhalb von zehn Metern erkennen.

Direkten Augenkontakt mit dem Menschen mögen Hunde nicht. Ein starrer Blick ins Auge ist für sie mit Aggression und Angriff verbunden. Informieren Sie Ihr Kind darüber, es könnte sonst zu falschen Reaktionen des Hundes kommen.

Während Hunde bei Tag schlechter sehen als der Mensch, ändert sich dies mit Einbruch der Dunkelheit. Jetzt nimmt seine Sehfähigkeit durch eine reflektierende Schichte im Augenhintergrund rapid zu. Er kann Bewegungen sogar noch im Dunkeln wahrnehmen. Das Blickfeld eines Hundes ist größer als das des Menschen. Je weiter seine Augen auseinanderliegen und je schmäler der

Kopf ist, desto größer ist es. Windhunde können sogar bei nach vorne gerichteter Schnauze nach hinten sehen.

Wer seinen Hund kennt, wird auch die Sprache seiner Augen verstehen und daran den seelischen Zustand seines vierbeinigen Lieblings ablesen. International unmißverständlich ist zum Beispiel der Bettelblick. Alle Hunde dieser Welt geben ihren Augen den gleichen unwiderstehlichen Ausdruck und legen den Kopf schief, wenn sie etwas zu fressen haben wollen.

Hundeaugen sind nicht nur ein Spiegel der Seele, sondern auch des körperlichen Befindens und daher eine wichtige Informationsquelle für den Tierarzt. Er wird die Augen Ihres Hundes stets im Auge behalten! Verschleppte Augenleiden können den Verlust des Auges zur Folge haben. Nach einem Eingriff muß der Hund unter allen Umständen mit einem Halskragen daran gehindert werden, das Auge mit den Pfoten bearbeiten zu können.

Es gibt viele, oft rassespezifische Erkrankungen des Hundeauges. Die häufigste ist das Rollid beim Chow-Chow, Pudel, Deutschen Vorstehhund und Rottweiler. Ein anderes Augenleiden ist die progressive Netzhautatrophie, ein fortschreitender Zerfall der Zellen der Netzhaut im hinteren Teil des Auges. Betroffen sind davon Pudel, Collie, Labrador und Briard. Ein Alarmzeichen dafür ist, wenn der Hund beginnt, in der Nacht schlecht zu sehen.

Kann auch ein Laie Krankheiten vom Auge des Hundes ablesen?

Die Augen des Hundes müssen glänzend, klar und ausdrucksstark sein. Eine Rötung, eine Trübung, eine Verschleierung, einen starken Tränen- oder gar Eiterfluß wird auch ein Laie feststellen können. Er wird es allerdings nur als Aufforderung verstehen, daß nun ein Fachmann, eben der Tierarzt, zu Rate gezogen werden muß. Die Deutung sollte er unbedingt diesem überlassen, außer es handelt sich um einen leichten Bindehautkatarrh, eine Bindehautentzündung oder einen harmlosen Schnupfen. Ursache ist meist Zugluft. Schützen Sie den Hund davor!

Was ist das dritte Augenlid?

Das dritte Augenlid, die sogenannte Nickhaut, bietet dem Auge zusätzlichen Schutz. Diese dünne Haut, die im inneren Augenwinkel bei der Nase zu sehen ist, schnellt beim Zwinkern wie ein Schweibenwischer quer über das Auge. Dabei hilft sie, die Tränenflüssigkeit optimal zu verteilen und Schmutz und Staub zu entfernen.

Bei manchen Erkrankungen des Hundes oder wenn er sich schlecht fühlt, wird die Nickhaut sichtbar. Man spricht dann von einem Vorfall des dritten Augenlides.

Nickhaut

Manchmal treten am dritten Augenlid auch himbeerähnliche Wucherungen auf, die wie Schmirgelpapier an der Hornhaut reiben. Sie müssen chirurgisch entfernt werden. Wenn zu lange abgewartet wird, kommt es zur chronischen Bindehautentzündung, zu chronischem Augenausfluß und schließlich zur Hornhauttrübung.

Darf man Fremdkörper selbst aus dem Auge des Hundes entfernen?

Die häufigsten Fremdkörper im Auge des Hundes sind im Sommer Grannen von Ähren, die sich mit ihren kleinen Widerhäkchen in der Bindehaut verkeilen. Bei unsachgemäßer Entfernung von diesen und anderen Fremdkörpern kann es zu schweren Hornhautverletzungen kommen. Ohne Narkose ist das Hantieren im Augenbereich bedenklich. Daher Hände weg vom Auge Ihres Hundes! Versuchen Sie aber, auch die Pfoten des Tieres davon wegzubekommen. Der Hund wird durch den starken Reiz versuchen, mit der Pfote daran zu reiben. Hindern Sie ihn daran, indem Sie aus einem Karton einen „Kragen“ basteln, den Sie dem Hund umlegen.

Gefahr einer Hornhautverletzung

Zur Behandlung wird das Auge lokal vereist und die Ähre vorsichtig, aber schnell entfernt. Nach Eintropfen schmerzstillender Mittel mit einer Testfarbe kann festgestellt werden, ob eine Verletzung der Hornhaut entstanden ist. Falls ja, wird die Hornhautverletzung intensiv behandelt.

Was kann die Ursache sein, wenn der Hund ein Auge geschlossen hält?

Wenn der Hund ein oder auch beide Augen geschlossen hält, liegt meist eine Verletzung der Hornhaut vor. Vermutlich hat er sie sich im Gestrüpp oder bei einer unliebsamen Begegnung mit der Nachbarskatze geholt. Feststellen kann der Tierarzt dies mit dem sogenannten Fluoreszein-Test. Dabei wird das Auge mit ein paar Tropfen eines Oberflächenanästhetikums vereist. Danach tropft man die Fluoreszein-Lösung ein. Nach wenigen Minuten wird das Auge mit physiologischer Kochsalzlösung gespült. Wenn auf der Hornhaut ein grüner Fleck (oder mehrere) zurückbleibt, liegt eine Verletzung (oder mehrere) vor.

Hornhautdurchtrennung

Ist die Hornhaut durchtrennt, und tritt Flüssigkeit aus dem Augeninneren aus, liegt ein Notfall vor! Die Hornhaut muß mit ganz feinem Nahtmaterial genäht werden. Selbstverständlich gelingt das nur unter Narkose und mit einer starken Lupe oder unter dem Operationsmikroskop. Bei leichteren Verletzungen wird – wie übrigens bei allen Hornhautverletzungen –, um die Hornhaut zu schützen und die Heilung durch bessere Durchblutung zu gewährleisten, das dritte Augenlid mit zwei, drei feinen Nähten an der Innenseite des oberen Augenlides angenäht. Das nennt man Bindehautschürze. Salben, Tropfen und Injektionen vervollständigen die Behandlung. Nach zwei Wochen, wenn die Hornhaut schön klar ist, werden die Nähte entfernt.

Warum tränen Chow-Chows oft die Augen?

Ein Blick ins Auge des gequälten Tieres und die Sache ist klar: Es leidet an einem Rollid (Entropium). Bei dieser angeborenen Fehlstellung der Augenlider reiben die nach innen stehenden Wimpern an der Hornhaut und verursachen den quälenden Reiz. Durch einen plastisch-chirurgischen Eingriff kann diese Fehlstellung, die häufig bei Chow-Chows, Pudeln, Spaniels, Labradors, Deutschen Vorstehhunden, Rottweilern und Golden Retrievers auftritt, korrigiert werden.

Fehlstellung der Augenlider

Bei vielen Hunden ist damit das Problem ein für allemal aus der Welt geschafft. Nicht so bei

Hunderassen mit einer sehr faltigen Stirnhaut (Chow-Chow, Schar-Pei). Sie kann nach wenigen Monaten wieder nachgeben – und die Tränen fließen wieder. Ein sorgfältig berechnetes „Lifting“ der Stirn erspart dem Hund weiteres Leiden.

Auch bei Pekinesen und Möpsen muß der Tierarzt im Dienste der Gesundheit hin und wieder zum Schönheitschirurgen werden. Beide Rassen haben Nasenfalten. Oft stechen die Haare darauf ins Auge. Ein faltenloses Hundegesicht macht der ständigen Qual ein Ende.

Soll etwas gegen herabhängende Unterlider getan werden?

Auch herabhängende Unterlider (Ektropium) bei Bernhardinern, Boxern und Spaniels können gesundheitliche Probleme mit sich bringen. Die Augen sehen dadurch blutunterlaufen aus und tränen ständig. Denn durch das Herabhängen bildet das feuchte Augenlid einen idealen Auffänger für Schmutz, Staub und damit für zahlreiche Bakterien. Es kann sehr leicht zu Bindehautentzündungen kommen. Auch in diesem Fall hilft ein kleiner plastisch-chirurgischer Eingriff, und das Augenlid ist dort, wo es hingehört.

Was verursacht eitrig-verklebte Augen, an denen der Hund ständig reibt?

Wenn der Hund das Auge nur mühsam öffnet, es eitrig verklebt ist, er ständig daran reibt und die Hornhaut schon eine Trübung aufweist, ist vermutlich mit der Tränenflüssigkeit etwas nicht in Ordnung. Der Tierarzt kann mit einem Streifen testen, ob keine Tränenflüssigkeit produziert wird. In diesem Fall droht das Auge auszutrocknen und damit auch der Verlust des Augapfels. Jetzt muß täglich sechs- bis achtmal ein Tränenersatzmittel eingetropft werden.

Was kann die Ursache sein, wenn die Pupille eines alten Pudels langsam weiß wird?

Hier haben wir es mit einer rassenspezifischen, altersbedingten, typischen Linsentrübung (grauer Star) und eventuell auch mit Linsenluxation zu tun. Durch die Entfernung der Linse kann das Problem behoben werden.

Was bewirken braune Flecken in beiden Außenseiten der Augenhornhaut beim Schäferhund?

Das ist eine rassenspezifische Erkrankung. Das Pigment wandert zum Beispiel nach einer Entzündung in die Hornhaut. Das muß mit einem Mikro-Skalpell Schicht für Schicht abgetragen werden, aber es kann immer wieder neu entstehen.

Was ist zu tun, wenn dem Pekinesen nach einer Rauferei das Auge heraushängt?

Diese Rasse hat im Verhältnis zu ihrer kleinen Augenhöhle einen zu großen Augapfel, der leicht vorfällt. Durch die Rauferei kann zusätzlich hinter dem Augapfel eine massive Blutung entstehen. Diese schwere klinische Situation kann zum Abriß des Sehnervs und zur Zerstörung der Blutversorgung des ganzen Auges führen. Damit droht der Verlust des Auges.

Sofortige kalte Umschläge, Eisbeutel und ein nasser Verband sind noch vor möglichst schnellem Aufsuchen des Tierarztes zu empfehlen. In Narkose wird durch einen Schnitt im äußeren Augenwinkel und durch die Absaugung des Blutergusses die Reposition des Augapfels in die Augenhöhle ermöglicht. Die Fixation in die anatomisch normale Lage erfolgt durch Zusammennähen der Augenlider. Nach zwei Wochen können die Nähte entfernt werden.

Ist ständiger Tränenfluß aus den inneren Augenwinkeln, der häßliche braune Streifen im Fell verursacht, behebbar?

Es muß das gesamte Auge von einem Augenspezialisten untersucht werden. Die Ursachen können nämlich sehr mannigfaltig sein. Und zwar:

- chronische Bindehautentzündung aus verschiedenen Ursachen;
- Rollid;

- chronische Entzündung des dritten Augenlides;
- Fehlen der Tränenkanal-Punkte;
- Verstopfung der Tränenkanäle usw.

Stehen die Ursachen fest, kann mit der gezielten Behandlung begonnen werden. Ist der Tränenkanal verstopft, wird ein künstlicher geschaffen, der die Tränenflüssigkeit in die Nase ableitet.

Welche Ursachen haben braune Flecken, auf denen Haare wachsen, im Auge eines Collies?

Das ist eine bekannte, angeborene Mißbildung, welche von Augenspezialisten chirurgisch entfernt werden kann. Dabei wird unter einer starken Lupe mit einem besonders feinen Skalpell die behaarte und pigmentierte Stelle von der Hornhaut abgeschält und eine Bindehautschürze gelegt.

Was können erbsengroße Gewächse am oberen Lidrand des Hundes bedeuten?

Hierbei handelt es sich meistens um verstopfte Talgdrüsen, die mitunter tumorös entarten können. Der Tumor wird entfernt und der entstandene Defekt mit einer Hautverschiebeplastik versorgt.

Kommt es vor, daß ein Auge des Hundes kleiner ist als das andere?

Hier handelt es sich um eine Fehlentwicklung der Augenöffnung, welche mit einem Einschnitt im äußeren Augenwinkel und ein paar sehr feinen Nähten auf die normale Größe gebracht werden kann.

24. Ohren

Aus der Stereoanlage klingt Beethoven. In der Nähe liegt tief schlafend der Hund. Die Musik scheint den Faulpelz nicht im geringsten zu stören. Offenbar hört er gar nichts. Jetzt stößt draußen in der Küche jemand versehentlich mit dem Fuß gegen seine Freßschüssel – sofort hebt der Schläfer hellwach und fragend den Kopf, springt sogar auf: Bekomme ich etwas?

Vor allem Stehohren sitzen Hunden wie Radarschirme am Kopf. Wie diese können sie vom Hund mit Hilfe von siebzehn Muskeln zur Lokalisierung von Geräuschen präzise in deren Richtung bewegt werden. Aber auch von ihnen weg, wenn der vierbeinige Snob nicht interessiert ist.

Als geborene Wächter und Jäger sind Hunde mit einem äußerst feinen Gehör ausgestattet. Ihr Hörvermögen übertrifft jenes des Menschen um ein Vielfaches. Lange bevor wir es hören, kündigt der Vierbeiner uns durch sein Verhalten die Ankunft eines Familienmitgliedes oder eines Fremden an. Seine Stimmung verrät er uns durch die Stellung seiner Hörapparate. Der Hundekenner liest davon ab, ob das Tier Angst hat, ob es wachsam ist oder angriffslustig.

Hundeohren sind von Rasse zu Rasse verschieden. Die Auswahl beginnt beim stolzen Stehohr (Schäferhund, Spitz), kippt dann immer mehr um (Collie, Foxterrier, Englische Bulldogge) und endet beim Hängeohr (Basset Hound, Pudel, Dackel, Spaniel).

Daß ich das Kupieren von Ohren als sinnlose, modische Tierquälerei striktest ablehne, habe ich schon an anderer Stelle erwähnt.

Wodurch entstehen Ohrenprobleme?

Verschiedene Keime, Pilze, Parasiten (Milben rufen Ohrenräude hervor), Tumore und Fremdkörper können Ohrenentzündungen hervorrufen. Am häufigsten ist dies natürlich bei Hängeohren der Fall. Sie fahren wie kleine Besen über den Boden und kehren dabei Schmutz in den Gehörgang.

Der Tierarzt wird den Hund beruhigen, den äußeren Gehörgang von Sekret reinigen und abgestorbene Haare auszupfen, damit genügend Luft hineinkommt. Ein entsprechendes Präparat wird eingetropft, und die Ohren werden bestrahlt. Hängeohren klebt man zu diesem Zweck hoch.

Lassen Sie sich nach der Untersuchung des Hundes unbedingt vom Tierarzt zeigen, wie sie das Mittel in die Ohren des Tieres einbringen können. Hört man zu früh mit der Behandlung auf, können zum Beispiel Milben, die erst nach einiger Zeit aus den im Ohr abgelagerten Eiern ausschlüpfen, das Problem wieder zum Ausbruch bringen.

Haben Sie zwei oder mehrere Hunde oder auch noch eine Katze, ist die Wahrscheinlichkeit, daß alle Tiere von Milben befallen sind, sehr groß. Bringen Sie gleich alle zusammen zum Tierarzt. Damit nicht die vermeintlich Gesunden die Geheilten wieder anstecken.

Welche Anzeichen deuten auf eine Ohrenerkrankung hin?

Kratzen, Eiter

Wenn mit den Ohren des Hundes etwas nicht in Ordnung ist, macht er meist durch sein Verhalten darauf aufmerksam. Er kratzt sich mit den Pfoten ständig dahinter; er schüttelt immer wieder den Kopf; er hält den Kopf schief; er zuckt mit einem Ohr oder beiden Ohren; reibt sie an Gegenständen; er riecht unangenehm aus dem

Ohr, oder es ist durch ein schwarzbraunes Sekret oder Eiter verkrustet.

Alle diese Anzeichen sind Alarmzeichen und sollten den baldigsten Besuch beim Tierarzt zur Folge haben, dem diese Beobachtungen genau geschildert werden. Wie bei den Augen kann es durch Verzögerungen in der Behandlung auch beim empfindlichen Ohr zu schweren Schäden kommen. Eine übergangene Infektion des Gehörganges zum Beispiel – hierbei bildet sich die übelriechende Absonderung – kann zur Taubheit und unter Umständen zu schweren Gleichgewichtsstörungen führen.

Was kann man gegen ständig eitrige Entzündungen der Hundeohren tun?

Es kommt vor, daß der Gehörgang (angeboren oder erworben) krankhaft verengt ist und dadurch immer wieder eitrige Entzündungen auftreten. Sie werden mit der Zeit chronisch und führen schließlich auch zu Wucherungen. Dagegen hilft am wirkungsvollsten eine Operation, bei der der äußere Gehörgang freigelegt und alle erkrankten Teile entfernt werden. Handelt es sich um eine chronische Mittelohrentzündung, muß auch das knöcherne Mittelohr eröffnet und für längere Zeit mit einem Drain (künstlicher Abfluß) versorgt werden, damit der Eiter abfließen kann – ein äußerst heikler Eingriff, da Millimeter daneben lebenswichtige Nerven und Gefäße verlaufen. Dann ist das Problem jedoch für immer aus der Welt geschafft.

Darf man einen Fremdkörper selbst aus dem Ohr des Hundes entfernen?

Wenn der Fremdkörper zu sehen ist, darf man vorsichtig versuchen, ihn herauszuziehen. Läßt er sich nicht ohne Widerstand aus dem Ohr entfernen, sollte der Versuch sofort unterbrochen und kein weiterer mehr unternommen werden. Der Tierarzt wird ihn, meistens unter Narkose, fachgerecht beseitigen. Ansonsten kann es zu schweren Schädigungen im Ohr kommen.

Im Sommer kommt es oft vor, daß sich Grannen mit ihren bösen Widerhaken in der Ohrmuschel verfangen. Der Hund wird aufjaulen und den Kopf schief halten. Gehen Sie sofort zum Tierarzt, der mit einer Spezialzange den pflanzlichen Bösewicht entfernen wird, bevor er das Trommelfell verletzt.

Müssen die Ohren regelmäßig gereinigt werden?

Die Ohren des Hundes sollten regelmäßig zweimal pro Woche kontrolliert und gereinigt werden. Ziehen Sie dafür die Ohrmuschel mit Daumen und Zeigefinger vorsichtig nach oben in Richtung Kopfmitte, bis der äußere, senkrechte Gehörgang so weit offen liegt, daß Sie hineinsehen können.

Wattestäbchen

Achten Sie vor allem darauf, daß sich die Haare im Gehörgang nicht zu Haarknäueln verwachsen und die Luftzirkulation verhindern. Zupfen Sie die Haare regelmäßig aus. Dann reinigen Sie das Ohr vorsichtig mit in Paraffinöl getauchten Wattestäbchen von unten nach oben, nicht von oben nach unten, um nicht den Schmutz weiter in den Gehörgang zu transportieren. Haben Sie den Eindruck, daß mit den Ohren etwas nicht stimmt, wenn bräunliches oder gelbliches Sekret zu sehen ist, dann bringen Sie den Hund zum Tierarzt.

Was ist zu tun, wenn die Ohrmuschel verletzt ist?

Das Ohr ist ein sehr gut durchblutetes Organ. Ohrwunden beim Hund, die sich der Vierbeiner durch eine Rauferei geholt hat, bluten meist sehr stark. Das ist ein Notfall. Binden Sie das Ohr hoch, versorgen Sie es mit Hansaplast und eilen Sie zum Tierarzt. Er wird es mit sehr feinem Nahtmaterial vernähen und versorgen. Fehlt ein Stück, wird er eine plastisch-chirurgische Korrektur durchführen.

Was ist die Ursache, wenn am Ohr eine taubeneigroße Geschwulst entsteht?

Wenn der Hund den Kopf heftig schüttelt (Ursache dafür kann eine Ohrenentzündung sein) oder damit gegen einen Gegenstand stößt, kann im Ohrlappen ein Gefäß platzen. Mitunter schwellen dort Blutergüsse so groß wie kleine Tennisbälle an. Gegen dieses sogenannte „Blutohr“ gibt es folgenden guten Trick: Mittels Zitzenkanüle, die man sonst bei Kühen einsetzt, wird das Problem mit einem geschickten chirurgischen Eingriff und zwei bis drei Nähten im Nu gelöst.

25. Mundhöhle

Wenn der Hund nicht fressen will und sehr apathisch ist, denken viele Besitzer schon an schreckliche organische Erkrankungen. Dabei liegt die Ursache der Nahrungsverweigerung oft so nahe, nämlich im Maul. Zähne, die voll mit Zahnstein sind, eiterndes Zahnfleisch und eiternde, lockere Zähne verursachen nicht nur äußerst üblen Mundgeruch, sondern vor allem dem armen Tier solche Schmerzen, daß es lieber hungert.

Zu solchen Mißständen im Gebiß kommt es, wenn Hundebesitzer ihrem Liebling nicht ins Maul schauen und es auch nicht vom Tierarzt regelmäßig kontrollieren lassen. Das sollte aber bei Welpen und Jungtieren wöchentlich und bei älteren Hunden in Abständen von ein bis zwei Monaten gemacht werden. Ein gesundes Maul ist eine der wichtigsten Voraussetzungen für ein glückliches Hundeleben.

Junge Hunde haben achtundzwanzig Zähne, ausgewachsene zweiundvierzig. Der Übergang erfolgt im Alter von ungefähr sechs Monaten. Dabei bilden sich die bleibenden Zähne unter den Milchzähnen und verdrängen diese ganz einfach. Gelegentlich kommt es vor, daß Milchzähne (vor allem die Eckzähne) zurückbleiben. Auch aus diesem Grund sollte schon bei Welpen regelmäßig das Gebiß kontrolliert werden, damit dann der Tierarzt Platz für die zweiten Zähne schafft.

Gesunde Hundezähne sind zunächst weiß und können mit zunehmendem Alter gelblich werden. Kranke Zähne müssen gezogen werden. Es ist besser, der Hund hat weniger Zähne als eitrige, die weitere Leiden verursachen.

Ab welchem Alter muß man Hunden ins Maul schauen?

Werden Hunde nicht schon in der Jugend daran gewöhnt, daß man ihnen das Maul öffnet, wehren sie sich später aus Angst unter Umständen mit allen Mitteln. Sprich: Sie beißen!

der richtige Griff

Man nimmt das Oberkiefer hinter den zwei Eckzähnen zwischen Daumen und Zeigefinger, das Unterkiefer mit der anderen Hand ebenso und zieht beide auseinander. Während dieser Prozedur redet man beruhigend und lobend auf den Welpen ein. Dabei kontrolliert man den Zustand der Zähne, des Zahnfleisches, der Zunge, der Mandeln, des Gaumens – kurz, die gesamte Mundhöhle. Ist Zahnstein vorhanden? Ist das Zahnfleisch abnormal gerötet und angeschwollen? Sind die Mandeln vergrößert? Ist ein Fremdkörper zwischen den Zähnen usw.?

Jede markante Veränderung sollte einen Tierarztbesuch zur Folge haben, damit es nicht durch wochenlange Versäumnisse zur eingangs geschilderten Situation kommt.

Welche Ursachen kann Mundgeruch haben?

In erster Linie ist bei Mundgeruch des Hundes an Zahnstein zu denken. Aber auch andere Zahnprobleme oder Fremdkörper im Maul können ihn verursachen. In zweiter Linie muß man eine Speicheldrüsen- bzw. eine Halsentzündung (durch Schneefressen, Zugluft, Trinken von zu kaltem Wasser) und eitrige Mandeln in Betracht ziehen. Und schließlich können auch Erkrankungen des Magens oder der Nieren daran schuld sein. Welche Ursache bei Ihrem Hund zutrifft, kann nur der Tierarzt feststellen, der bei diesem Alarmzeichen sobald wie möglich aufgesucht werden soll.

Muß Zahnstein entfernt werden und wie oft?

Beim jungen Hund wird es genügen, wenn der Zahnstein einmal im Jahr entfernt wird. Bei älteren wäre die vierteljährliche Reinigung der Zähne von diesem Übel optimal. Sie sollte aber mindestens zweimal jährlich durchgeführt werden.

Zahnstein entsteht aus „Plaque", einem Belag, der die Zähne überzieht. Darin sind viele Bakterien, die sich vor allem am Zahnhals unter dem Zahnfleisch sammeln. Das verursacht auch schon bei Welpen das Symptom der geringgradigen Zahnfleischentzündung. Außerdem wird durch diese Bakterien die Zahnsteinbildung begünstigt. Minerale und Salze, die im Speichel vorhanden sind, lagern sich vor allem bei diesen Bakterien am Zahnhals ab.

Zahnfleischentzündung

Kann der Zahnstein ungehindert „wachsen", verdrängt er schließlich das Zahnfleisch. In diesen Taschen lagern sich Keime und Speisereste ab, und es kommt zu einer hochgradigen Zahnfleischentzündung. Das ansonsten hellrosa Zahnfleisch färbt sich dunkelrot und schwillt an. Die Infektion kann die Zahnwurzel erreichen, die Zähne werden locker – auch durch das zurückweichende Zahnfleisch – und fallen schließlich aus.

Wenn Sie seitlich die Lefzen des Hundes nach oben und unten ziehen, können Sie das Zahnfleisch sehr gut kontrollieren, ohne daß Sie dem Hund das Maul öffnen müssen. Hat sich bereits Zahnstein gebildet, muß er vom Tierarzt unter Narkose mit Ultraschall schmerzlos und gründlich entfernt werden. Dabei werden auch Zähne, die vereitert oder locker sind, gezogen. Werden die Zähne immer rechtzeitig gereinigt, kommt es erst gar nicht dazu.

Was bedeutet eine rasch wachsende Anschwellung hinter dem Kiefer unter dem Ohr des Hundes?

Ursachen für eine Anschwellung können zum Beispiel eine Stichverletzung oder ein Insektenstich sein. In diesem Gebiet muß man aber auch an eine Zyste der Speicheldrüse, in seltenen Fäl-

Zyste der Speicheldrüse

len an einen Tumor denken. Im Maul ist neben der Zunge eine taubeneigroße Blase zu sehen, welche mit einer zähen Flüssigkeit gefüllt ist. Sofort mit dem Tier zum Veterinär! Wird zu lange gewartet, kann der Hund weder fressen noch atmen und erstickt im schlimmsten Fall.

Ein Punktieren der Zyste ist auf lange Sicht sinnlos. Nur ihre radikale und sorgfältige Entfernung durch einen erfahrenen Chirurgen kann Erfolg versprechen. Bleibt ein Teil der Zystenwand zurück, kommt es immer wieder zu unangenehmen Fistelbildungen.

Gibt es auch beim Hund Parodontose?

Dies ist sogar ein sehr weit verbreitetes Problem. Chronische Zahnfleischentzündung, Schwund des gesamten Zahnhalteapparates, auch Parodontose genannt, verursacht zunächst lockere Zähne und vereiterte Wurzeln, schließlich fallen die Zähne aus. Die wichtigste Vorbeugung ist die regelmäßige Entfernung des Zahnsteines mit Ultraschall. Leidet der Hund bereits unter Parodontose, wird der Tierarzt versuchen, mit speziellen Antibiotika, die durch den Speichel ausgeschieden werden, und mit Vitaminisierung bzw. lokaler Behandlung das Fortschreiten der Erkrankung zu bremsen.

Was tut man, wenn die Mandeln des Hundes stark vergrößert sind?

Die Mandeln (Tonsillen) des Hundes können sich auf das vier- bis fünffache vergrößern. Dadurch schauen sie aus ihren Taschen, in denen sie normalerweise verborgen sind, deutlich heraus. Die Oberfläche wird himbeerartig. Meist ist eine Infektion, eine Verkühlung oder eine Abwehrschwäche die Ursache.

Der Tierarzt wird mit konservativen Mitteln (Antibiotika, entzündungshemmende Präparate und Vitamine) oder durch die chirurgische Entfernung der Mandeln das Problem lösen. Kranke Mandeln können in der Folge sehr schwere Auswirkungen auf die Herz- und Nierentätigkeit haben.

Was passiert, wenn dem Hund ein apportiertes Holzstück im Maul steckenbleibt?

Es kommt sehr häufig vor, daß Hundebesitzer, um dem Tier eine Freude zu bereiten, ein Stück Holz, das gerade am Weg liegt, zum Apportieren werfen. Sie beachten im Eifer des Spielens nicht, ob das Stöckchen auch dazu geeignet ist. Holzstücke dürfen nicht zu klein sein und nicht splittern. Sonst kann es nämlich leicht passieren, daß sich das Holz beim Aufnehmen im Maul des Hundes verkeilt.

Gefahren des Apportierens

Der Hund wird nun verzweifelt versuchen, den Fremdkörper aus dem Maul zu bekommen. Aus Angst und Schmerzen macht er es dem Besitzer unmöglich, ihm zu helfen, sondern wehrt sich dagegen auch noch aus Leibeskräften. Das gleiche Problem tritt übrigens auf, wenn sich ein Knochen im Maul des Hundes verkeilt. Beides sind Notfälle!

Helfen kann hier nur ein erfahrener Tierarzt, zu dem der Hund sehr rasch gebracht werden muß. Er wird das geschockte Tier sofort in Narkose legen, was nicht ungefährlich ist. Nun kann er in Ruhe das zwischen den Zähnen verkeilte Knochenstück entfernen oder das im Rachen verspießte Holzstück vorsichtig herausziehen und die Wunde fachgerecht versorgen.

Darf der Hund mit Tennisbällen spielen?

Auch dieses Wurfspiel ist für den Hund mit Gefahren verbunden. Trägt er immer und immer wieder Tennisbälle im Maul, werden also Ober- und Unterkiefer immer wieder längere Zeit in dieser unnatürlichen Stellung gehalten, kann es zunächst zu einer Entzündung des Kiefergelenkes kommen, in weiterer Folge zu einer Überdehnung. Dies führt schließlich zu einer fortschreitenden Kiefergelenkssperre: Der Hund bekommt das Maul langsam aber sicher immer weniger auf.

Kiefergelenkssperre

Ist es erst einmal so weit gekommen, hilft nur mehr eine äußerst schwierige Operation, die nur ganz wenige Veterinärchirurgen beherrschen. Nach dem mehrstündigen Eingriff kann der Hund allerdings bereits in den nächsten Tagen sein Maul wieder öffnen und schließen wie eh und je.

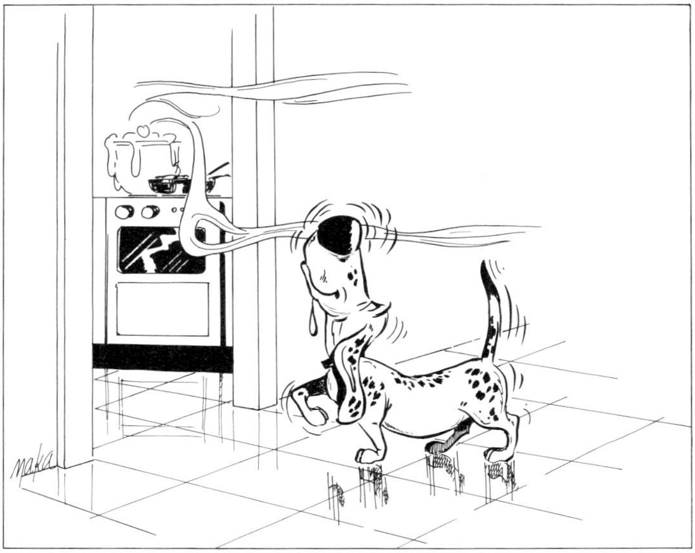

26. Nase und Rachen

Hunde schnüffeln für ihr Leben gerne. Die Welt erschließt sich ihnen durch die Nase. Sie ist das wichtigste Sinnesorgan des Hundes. Gerüche enthalten für ihn Informationen, die für sein Leben wichtig sind. Daher ist es für den Vierbeiner fast lebensnotwendig, beim täglichen Spazierengehen ausreichend Gelegenheit zu bekommen, seine Nase lange genug in alle möglichen und unmöglichen Dinge dieser Welt stecken zu dürfen.

Der Geruchssinn sagt dem Hund, ob er einem Menschen vertrauen kann oder nicht und in welcher Gemütslage sich dieser befindet. Der Hund riecht, ob wir wütend, traurig oder ängstlich sind und ob wir lügen. Natürlich nur, wenn wir seine feine Nase nicht mit wechselnden Parfüm- und Rasierwasserwolken verwirren.

Die Nase sagt dem Hund auch, wie es um einen vierbeinigen Kollegen steht, ob man einander im wahrsten Sinn des Wortes riechen kann. Begegnen zwei Hunde einander, stecken sie erst einmal die beiden Schnauzen zusammen. Dieser Nasenkontakt entscheidet über Zuneigung oder Abneigung.

Den feinen Geruchssinn des Hundes machen sich Menschen zunutze, wenn sie einen abgängigen Erwachsenen oder ein verirrtes Kind suchen. Hunde finden Menschen, die unter Schuttmassen eingestürzter Häuser lebendig begraben liegen und Wintersportler, die meterhoch von den Schneemassen einer

Lawine verschüttet wurden; sie helfen dem Jäger, Wild zu verfolgen, und der Polizei, Verbrechern und Rauschgift auf die Spur zu kommen.

Obwohl der Hund bei seinen geliebten Schnüffeleien mit der Nase Millionen und Milliarden von Keimen, Bakterien und Viren aufnimmt, die viele Krankheiten verursachen können, bleibt das Riechorgan selbst doch bemerkenswert gesund dabei.

Häufig wollen Besitzer nicht von einer schweren Erkrankung Notiz nehmen, weil „die Nase des Hundes ohnehin feucht und kühl ist". Andererseits kommen auch oft Leute mit gesunden Hunden zum Tierarzt, weil die Nase trocken ist. Dies ist jedoch nicht weiter bedenklich, sie muß nur mit Vaseline täglich eingeschmiert werden.

Was hat Ausfluß aus der Nase des Hundes zu bedeuten?

Mit der Bemerkung „Mein Hund hat nur ein bißchen Ausfluß aus der Nase", kommen Hundebesitzer zum Tierarzt und hoffen, daß man ihnen ein Rezept für ein Wundermittel in die Hand drückt und sie gleich wieder gehen können.

So einfach geht es jedoch nicht. Erstens warten viele Tierbesitzer, wenn sie etwas Verdächtiges bemerken, viel zu lange, ehe sie zum Tierarzt gehen. Und das bedeutet meist eine Verlängerung der Behandlung. Außerdem gilt es bei jedem Symptom die Ursache zu ergründen. Nur dann kann die Therapie zum Erfolg führen.

Folgende Krankheiten können eitrigen Ausfluß aus der Nase bewirken:

- Nasenkatarrh;
- Nasenentzündung;
- Nasenlochverwachsungen und -verengungen;
- Kieferhöhlenentzündung;
- Stirnhöhlenentzündung;
- Stirnhöhleneiterung;
- Nasenpolypen;
- Pilzinfektion;
- eingedrungener Fremdkörper (Tannennadeln, Ähren ...);
- Nasenhöhlen-, Nasennebenhöhlen- oder Stirnhöhlentumor usw.

Vorgeschichte und klinische Untersuchung geben die ersten wichtigen Hinweise. Ist der Ausfluß beidseitig, nur gelegentlich oder ständig, ist Blut beigemischt, treten gleichzeitig Zahnprobleme oder andere Erkrankungen auf usw. Spiegelungen, Röntgenbilder, eine Schleimhaut-Probeentnahme (Biopsie) und deren histologische Untersuchung ergeben schließlich die Diagnose. Nun kann mit der gezielten Therapie begonnen werden.

gezielte Therapie

Täglich mehrmalige viertelstündige Wärmebestrahlung der erkrankten Gebiete, gute Ernährung und Vitaminisierung sind auch zu empfehlen.

Anhand dieses Beispieles wird ersichtlich, wie wichtig eine gründliche Untersuchung ist, und was oft hinter vermeintlichen Nichtigkeiten stecken kann. Und warum die Behandlung einer solchen „Kleinigkeit“ so lange dauert.

Ist es normal, wenn Bulldoggen zeitweise röcheln?

Bei dieser Rasse (auch bei Boxer, Mops, Pekinesen u. ä.) gibt es eine spezifische Erkrankung, das sogenannte brachiocephalische Atemwegssyndrom. Das heißt, daß die Nasenlöcher verengt sind, der Nasengang verkrümmt, das Gaumensegel zu lang und der Kehlkopfeingang durch Deformation der Kehlkopfknorpeln ebenfalls verengt ist. Dadurch kann es vorkommen, daß der Hund sehr stark schnauft, zeitweise röchelt und nach kürzerem Laufen sogar bewußtlos werden kann.

Helfen können nur Operationen. Zuerst müssen die Nasenlöcher durch einen einfachen Eingriff erweitert werden. Ist das noch nicht ausreichend, muß das Gaumensegel verkürzt und der Kehlkopfeingang durch Korrektur der Kehlkopfknorpeln erweitert werden. Diese sehr schwierigen Eingriffe können nur von einem auf Kleintierchirurgie spezialisierten Tierarzt ausgeführt werden.

Was kann helfen, wenn sich trotz Antibiotika-Behandlung ein grün-gelber Nasenausfluß nicht heilen läßt?

Vermutlich handelt es sich dabei um eine chronisch-(eitrige) Nasen-, Kieferhöhlen- oder Stirnhöhlenentzündung. Zuerst sollten ein bakteriologischer Test auf Antibiotika-Resistenz und ein Pilztest durchgeführt werden. Die Behandlung richtet sich dann nach diesen Testergebnissen. Sollte sich auch dabei kein Erfolg zeigen, müßte die diagnostisch-chirurgische Öffnung des Nasenganges und der Stirnhöhle dringend geraten werden.

Darf man einen Fremdkörper selbst aus der Nase des Hundes entfernen?

Wenn der Hund über Wiesen und Äcker tollt, plötzlich stehenbleibt, zu nießen und sich an der Nase zu kratzen beginnt, ist vermutlich ein Fremdkörper, höchstwahrscheinlich eine Granne, eingedrungen. Da die Granne mit Widerhaken versehen ist, kann sie nicht ohne weiteres entfernt werden. Außerdem wandert sie sehr schnell den Nasengang hinauf und kann schwere Komplikationen hervorrufen. Das ist ein Notfall, daher sollte der Hund sofort zu einem Tierarzt gebracht werden. Die sorgfältige Entfernung der Granne mit einer Spezialzange unter Narkose und die anschließende Blutstillung sorgen für eine rasche Lösung des Problems.

Gelangt das Tier nicht rechtzeitig zum Veterinär, kommt es zu einem eitrig-blutigen Nasenausfluß, der das Tier unsagbar schmerzt und irritiert. Im schlimmsten Fall müssen sogar die Nasenhöhle und die Stirnhöhle eröffnet werden, um den quälenden Fremdkörper zu finden.

27. Luftröhre und Lunge

Als gelernter und verwöhnter Stubenhocker kann sich der heutige Hund den klimatischen Verhältnissen nicht mehr so gut anpassen wie früher. Vor allem im Winter sind Luftröhre und Lunge des Hundes gefährdet. Das Einatmen von kalter Luft führt zu Husten, Verkühlung, Halsentzündung, Luftröhren- und Bronchialkatarrh und schlimmstenfalls zur Lungenentzündung.

Wenn es sehr kalt ist, sollten Spaziergänge mit dem Vierbeiner daher nicht zu lange dauern. Ist er naß geworden, muß er bald nach Hause und gründlich abgetrocknet werden. Im Sommer können der Sprung ins eiskalte Wasser gefährlich werden und das offene Fenster bei längeren Autofahrten (kalte Zugluft).

Wenn der Hals durch eine Entzündung angeschwollen ist, bekommt der Hund keine Luft. Er öffnet daher zum Atmen das Maul, dadurch wird die Situation weiter verschlechtert, weil jetzt noch mehr kalte Luft auf die kranken Organe trifft. Um diesen Kreislauf zu durchbrechen, legt man dem Hund einen Maulkorb an, über den man einen Nylonstrumpf zieht. Auf diese Art wird die eingeatmete Luft schon etwas vorgewärmt.

Was kann schuld daran sein, wenn der Hund hustet?

Husten kann beim Hund viele Ursachen haben und verschieden schwer ausgeprägt sein. Wenn der Besitzer seinen Vierbeiner gut kennt und beobachtet, wird er über die Ursachen des Hustens Bescheid wissen und daher beurteilen können, ob etwas Ernstes dahintersteckt oder nicht.

Hüstelt der Hund ein bißchen, weil er sich vielleicht längere Zeit in einem verrauchten Lokal aufgehalten hat, oder weil er die Auspuffgase eines Motorrades direkt in den Rachen bekommen hat, so wird sich das nach spätestens zwei Tagen wieder geben. Hat er hingegen im Winter zwei Stunden im eiskalten Auto gewartet – was übrigens unverantwortlich ist – und danach die ganze Nacht gehustet, muß er am nächsten Tag sofort zum Tierarzt gebracht werden.

Erkältung, Halsentzündung, Bronchitis, Lungenentzündung

Klingt der Husten krächzend, hat der Hund eine Erkältung mit Halsentzündung. Hustet der Hund vor allem in der Nacht, wenn er liegt, steckt sicher eine schwere Bronchitis oder schon eine Lungenentzündung dahinter. Entscheidend für die Diagnose ist auch, ob der Husten trocken oder feucht ist und ob er von Augen- und Nasensekreten begleitet wird.

Nicht jeder Husten hat eine Erkrankung der Atemwege zur Ursache. Leichtes Hüsteln kann auch eine Blütenstauballergie sein. Husten tritt auch bei Rippenfellentzündungen und bei einer durch Herzschwäche bedingten Lungenstauung auf. Aus diesem Grund ist es leicht einzusehen, daß vom Besitzer auf keinen Fall versucht werden darf, diese Erkrankung mit irgendwelchen Hustenmitteln zu behandeln.

Nehmen Sie Husten nicht auf die leichte Schulter, sondern suchen Sie so bald wie möglich einen Tierarzt auf. Selbst wenn es nach einiger Zeit so aussieht, als ob der Hund durch ein Hausmittel und seine eigene starke Konstitution mit der Erkrankung fertiggeworden ist, kann sich die nicht fachgerecht auskurierte Krankheit nachhaltig auf seine Lebenserwartung auswirken. Ein Lungenemphysem oder ein Lungenödem sowie Herz- und Kreislaufprobleme können im Alter von der einstigen Sorglosigkeit des Hundebesitzers zeugen.

Helfen Inhalationen auch dem Hund, und wie führt man sie durch?

Kamillentee- und Eukalyptusöl-Inhalationen haben sich bei Erkrankungen der Atmungsorgane beim Hund sehr gut bewährt. Er sollte täglich zwei- bis dreimal eine Viertelstunde lang inhalieren.

Da sich der Hund gegen die übliche Art des Inhalierens ziemlich sicher energisch zur Wehr setzen wird, muß ein Trick angewendet werden. Man entwickelt im kleinsten Örtchen der Wohnung durch heißen Kamillentee in einem großen Gefäß reichlich Dampf. Dann sperrt man sich dort mit dem Hund ein. Jetzt bleibt ihm gar nichts anderes übrig, als die heilenden, feuchten Dämpfe einzuatmen. Anschließend darf der Hund keinesfalls ins Freie. Wenn nötig, muß er auch abgetrocknet werden.

Sauna

Was verursacht beim jungen Yorkshire Terrier Atembeschwerden?

Es kommt manchmal vor, daß die Luftröhre beim Yorkshire Terrier verflacht ist, so daß er bei jedem Atemzug zu wenig Luft in die Lunge bekommt. Es gibt nur eine chirurgische Möglichkeit, mit Raffungsnähten und Plastikringen die Luftröhre wieder rund zu machen. Das kann aber nur an Hand der Befunde individuell entschieden werden. Es ist in jedem Fall eine sehr heikle Sache, und je früher diese in Ordnung gebracht wird, desto größer ist die Chance, daß das operierte Tier überlebt.

Was ist Zwingerhusten, ist er auf andere Hunde übertragbar?

Virushusten, eine Erkrankung der Luftröhre und der Bronchien, wird im Volksmund auch Zwingerhusten genannt. Er kann aber überall auftre-

trockener Husten

ten, wo viele Hunde zusammenkommen. Diese Infektionskrankheit (siehe Kapitel 20, Seite 135) macht sich durch gequälten, trockenen Husten, der anfallsweise auftritt, bemerkbar.

Der Verlauf der Krankheit ist jedoch meist leicht und kann bei liebevoller Pflege, guter Ernährung und fachgerechter tierärztlicher Behandlung, die auf die Stärkung der Abwehrkräfte zielt, in zwei bis drei Wochen geheilt werden. Eine Ansteckung des zweiten Hundes ist möglich, aber weit weniger wahrscheinlich als dort, wo viele Hunde auf engem Raum zusammenkommen (Ausstellungen, Tierheime, Hundezüchter).

28. Verdauungsapparat

Auch Hunden dreht es manchmal den Magen um!

Aber Scherz beiseite – großen Hunden kann dies wirklich und im wahrsten Sinn des Wortes passieren.

Wenn Doggen zum Beispiel viel Fleisch mit Knorpeln und Sehnen hastig fressen und danach – statt zu ruhen – im Park oder im Garten herumtollen dürfen, kann das Vergnügen oft jäh enden: Schon nach einer halben Stunde beginnt der Bauch in Minutenschnelle zu wachsen und zu wachsen, der Hund bekommt kaum noch Luft, die Zunge verfärbt sich blau, und der Hund beginnt zu röcheln.

Stellt ein Tierbesitzer diese Symptome fest, gibt es nur eines: So schnell wie möglich zum Tierarzt. Es handelt sich um einen extremen Notfall! Denn die Situation des Hundes, die durch eine Drehung des Magens entstanden ist, ist äußerst gefährlich, sein Leben in höchster Gefahr.

Meistens verläuft die Konfrontation des Tierarztes mit der Verdauung des Hundes nicht so dramatisch. Die häufigsten Leitsymptome, mit denen er täglich zu tun hat, sind Durchfall, Erbrechen, Appetitlosigkeit oder Verstopfung.

Ursache ist in erster Linie die Lust des Hundes am Schnüffeln. Dabei werden Milliarden von Keimen aufgenommen. Zweitens ist er ein sogenannter Schlinger, das heißt, daß die meisten Hunde das Fressen hinunterschlucken, ohne zu kauen. Sind im Futter Knochen enthalten, werden auch diese mitgeschluckt. Sie können sowohl im Schlund als auch im Darm steckenbleiben und dadurch schwerste Komplikationen hervorrufen.

Durchfall, Verstopfung, Erbrechen und Appetitlosigkeit können aber auch ganz andere Probleme und Erkrankungen signalisieren. Für den Besitzer ist es in den meisten Fällen unmöglich, die Tragweite eines oder mehrerer dieser Symptome richtig zu beurteilen. Daher ist es im Zweifel besser, lieber sofort und einmal zuviel zum Tierarzt zu gehen als zu spät.

Für eine rasche Diagnose ist es von größter Wichtigkeit, daß der Besitzer den Tierarzt vor allem über den Zeitpunkt des Beginns, Häufigkeit, Menge, Farbe und Konsistenz des Durchfalls oder des Erbrochenen genau informieren kann (siehe Kapitel 17, Seite 116).

In welchen Fällen ist Erbrechen harmlos, und was kann man dagegen tun?

Die meisten Hunde schlingen ihr Fressen wahllos, rasch und in Unmengen hinunter. Minuten später befördert es der beleidigte Magen wieder nach draußen. Entweder, weil es ihm zuviel war, oder weil der Gulaschrest seinen Magen gereizt hat. Ein an sich harmloser Vorgang, der keinen Anlaß zur Besorgnis gibt, wenn er selten vorkommt.

Wann ist Erbrechen ein Alarmzeichen?

Wenn der Hund erbricht, kann dies oft aber auch ein Zeichen dafür sein, daß eine ernste Erkrankung vorliegt:

- wenn es über einen längeren Zeitraum und in immer kleiner werdenen Abständen auftritt;
- wenn er am Tag zuvor Hühner- oder Schweineknochen gefressen hat;
- wenn nach jedem Schluck das Fressen binnen Sekunden sofort zurückkommt;
- wenn das Erbrochene Blut enthält;
- wenn der Hund dazu ungemein viel trinkt;
- wenn das Erbrochene braun und säuerlich übelriechend ist;
- wenn der Hund gleichzeitig blutigen Durchfall und hohes Fieber hat;
- wenn er lustlos und apathisch wirkt;

- wenn gleichzeitig bei der Hündin aus der Scheide starker eitriger Ausfluß kommt;
- wenn er gleichzeitig keinen Stuhl und/oder keinen Harn absetzt;
- wenn er mager ist, aber trotzdem einen großen Bauch hat und
- wenn sein Bauch hart und schmerzhaft ist.

Blut im Erbrochenen kann auch von kleinen Verletzungen im Maul, in der Speiseröhre oder im Magen herrühren. Möglicherweise ist aber ein Geschwür oder ein Tumor die Ursache. Bei Erbrechen in Verbindung mit Durchfall kann es sich um einen Wurmbefall handeln, oder auch um eine Virusinfektion, eine Vergiftung oder eine bakterielle Infektion. Einige der aufgezählten Fälle des Erbrechens können auch die Symptome von schwersten organischen Erkrankungen oder von Bauchtumoren sein. Der Hund gehört auf jeden Fall sofort zum Tierarzt, dem man alle seine Beobachtungen genauestens und detailliert mitteilt. Durch entsprechende Untersuchungen und mit seiner Erfahrung wird er dann die jeweils zutreffende Krankheit bestimmen und ihre Ursachen und nicht nur die Symptome mit einer gezielten Behandlung bekämpfen.

Erbrechen und Durchfall

Unter welchen Umständen ist Durchfall harmlos, und was kann man dagegen tun?

Hat sich der Hund überfressen, hat er zuviel Schlagobers erwischt, oder verträgt er keine Milch, kann sich dies durch flüssigeren Stuhl bemerkbar machen. Überlegen Sie bei Durchfall jedenfalls sofort, ob Sie Fehler beim Füttern gemacht haben.

Nulldiät

Schalten Sie als erste Hilfsmaßnahme einen Tag Nulldiät ein, geben Sie dem Hund nur starken russischen Tee verrührt mit ein bißchen griffigem Mehl (auf einen halben Liter Tee 2 Eßlöffel Mehl), einer Messerspitze Kochsalz und ebensoviel Speisesoda und Tierkohle. Bedenken Sie, daß dem Hundekörper durch den Durchfall sehr viel Flüssigkeit entzogen wird, so daß es zur regelrechten Austrocknung mit schwersten Folgen kommen kann. Achten Sie daher besonders darauf, daß der Hund genug trinkt. Wenn er es nicht freiwillig tut, muß man ihm stündlich mit einem Eßlöffel oder mit einer Schnabeltasse Tee einflößen. Sonst kann auch ein harmloser Durchfall – besonders wenn der Hund sehr jung, verwurmt oder blutarm oder sehr alt ist – gefährlich werden.

viel trinken

Schonkost

Mit gekochtem weißem Fleisch von Huhn und Pute oder gekochtem Fisch, dazu sehr weichem Reis, gekochten Karotten und anderen milden Ballaststoffen wird der Hund danach drei bis fünf Tage ernährt, ehe man wieder zum üblichen Futter – natürlich ohne die vorher gemachten Fehler – zurückkehren kann.

Wann ist Durchfall ein Alarmzeichen?

Der Hund gehört bei Durchfall sofort zum Tierarzt,

- wenn der Durchfall mehr als einen Tag anhält;
- wenn der Hund dazu hohes Fieber hat;
- wenn im Kot viele Würmer zu sehen sind;
- wenn Durchfall und/oder gleichzeitig Erbrochenes Blut enthalten;
- wenn der Hund eingefallene Augen hat und die Hautelastizität sehr nachläßt;
- wenn er dabei Bauchkrämpfe und einen schmerzenden Bauch hat und
- wenn der Hund apathisch und erschöpft ist.

In allen diesen Fällen ist der Durchfall sicher das Symptom einer ernsten Erkrankung. In vielen Fällen ist damit eine Organfunktionsstörung (Leber, Niere, Bauchspeicheldrüse) verbunden. Ist der Kot locker und schmierig, seine Farbe gelblich bis grau, ist er äußerst übelriechend, erbricht der Hund und leidet offensichtlich unter Schmerzen, kann es sich zum Beispiel um eine Bauchspeicheldrüsenentzündung handeln.

Bauchspeicheldrüsenentzündung

Im Winter sind die Verdauungsorgane des Hundes zusätzlich durch das Fressen von verschmutztem Schnee (Streusalz) von Krankheiten bedroht.

Wie kommt es zur Verstopfung?

Wenn der Hund unkontrolliert Hühner- oder Schweineknochen in größeren Mengen aufnimmt (Heuriger!), ist der Magen nicht imstande, die gierig verschluckten Knochenstücke zu verdauen. Sie gelangen in den Darm, wo sich mehrere dieser unverdauten Knochen aufeinanderschieben und eine richtige Kotbarriere bilden.

Der Hund hockt sich immer wieder hin, drückt und drückt, doch es kommt nichts. Dazu kommen Bauchkrämpfe. Läßt sich diese Kotansammlung weder von vorne (Paraffinöl und viel Flüssigkeit zum Schlucken) noch von hinten (Einläufe und Injektionen) lösen, kommt es zum Darmverschluß.

niemals Hühner- und Schweineknochen

Um ihm diese Qual und den anschließenden Besuch beim Tierarzt zu ersparen, sollte der Hund niemals Hühner- und Schweineknochen zum Fressen kriegen, die er unzerkaut schlucken kann. Zuwenig Bewegung, Fettleibigkeit und zu langsame Peristaltik (Bewegungen des Darmes) können zusätzlich Verstopfung und Darmverschluß begünstigen.

Bei alten Tieren kann der Grund einer chronischen Verstopfung, die sich allen Behandlungen widersetzt, eine hochgradig vergrößerte Prostata oder eine Mastdarmausbuchtung mit einem Dammbruch (siehe Seite 184) sein.

Wie kann Verstopfung behoben werden?

Mischen Sie Ihrem Hund, wenn er unter Verstopfung leidet, abwechselnd einen Löffel voll Oliven-, Sonnenblumen- oder Paraffinöl, Milch, ein bißchen Schlagobers oder Leber ins Futter. Bieten Sie ihm zum Trinken viel Wasser mit etwas Öl an, damit sich die Verstopfung löst. Überlegen Sie, ob und welche Fehler Sie bei der Ernährung gemacht haben, und ändern Sie dies gegebenenfalls.

Baby-Mikro-Klistier

Im äußersten Notfall kann dem Hund ein Baby-

Mikro-Klistier einen halben bis einen cm tief in den After eingeführt und der ganze Inhalt hineingedrückt werden. In zehn bis zwanzig Minuten müßte es dann zum Stuhlabsatz kommen. Wenn sich trotz allem kein Erfolg einstellt, muß der Tierarzt zu Rate gezogen werden.

Darmverschluß

Kotstau kann böse Folgen haben. Es bilden sich giftige Stoffwechselabbauprodukte (Toxine), die zu Leber-, Nieren-, Bauchspeicheldrüsen- oder Darmschleimhaut-Schäden führen können. Es kann zu einem Darmverschluß, im schlimmsten Fall zu einer Darmnekrose (Teile sterben ab) und einer Darmperforation mit nachfolgender eitriger Bauchfellentzündung kommen. Dieser Notfall bedeutet ohne rasche tierärztliche Hilfe den sicheren Tod des Hundes.

Was ist die Ursache, wenn bei älteren Rüden links oder rechts des Afters plötzlich eine faustgroße Vorwölbung entsteht?

Ein solcher Bruchsack, der nicht schmerzt, nicht heiß ist und immer größer wird, kommt vor allem bei älteren Schäferhunden vor. Der Dammbruch, auch Periealhernie genannt, entsteht meistens durch eine chronische Verstopfung und das daraus resultierende, ständig erfolglose Stuhlpressen.

Wenn das Tier nicht sehr rasch zum Tierarzt gebracht wird, kann es auch in diesem Fall zu einem Darmverschluß kommen.

Warum rutscht der Hund mit dem Hinterteil über den Teppich („Schlittenfahren“)?

Dieses für den Beobachter kuriose, ziemlich akrobatische Verhalten hat für den Hund eine recht schmerzhafte Ursache: Wenn es sich um einen jungen Hund handelt, können Würmer daran schuld sein. Bei einem älteren Tier sind es wahrscheinlich die überfüllten und verstopften Analdrüsen, die jucken und schmerzen.

verstopfte Analdrüsen

Die Verstopfung hat meist eine Anschwellung und Rötung der Aftergegend zur Folge, weil sich das Sekret in den Drüsen staut. Werden sie nicht vom Tierarzt regelmäßig entleert, kommt es häufig zur Abszeß- und Fistelbildung. In diesen Fällen ist die radikale Entfernung der Analdrüsen und der Analbeutel ratsam.

Was ist im Fall einer Magendrehung zu tun?

Bemerkt der Hundebesitzer die am Beginn dieses Kapitels geschilderten Symptome an seinem Vierbeiner, muß er mit ihm raschest zu einem chirurgisch erfahrenen Tierarzt eilen. Es darf keine Sekunde durch Ratlosigkeit oder Überlegungen, was zu tun sein könnte, vergeudet werden. Denn dann ist das Tier verloren.

sofortige Operation

Der dramatische Kampf um das Leben des Hundes muß unverzüglich beginnen und präzise und fehlerlos abrollen. Mit dicken Nadeln wird der prall aufgeblähte Magen punktiert, und Gase werden abgelassen. Zugleich wird versucht eine Magensonde einzuführen. Blitzartig werden ein Venenkatheter gelegt, mit einer Infusion Herz und Kreislauf unterstützt und der Schock bekämpft. Der Hund wird rasiert, desinfiziert und narkotisiert, der Bauch und der Magen werden eröffnet, sein gärender, stinkender Inhalt ausgesaut, der Magen wieder in die anatomisch richtige Lage zurückgedreht, durch die Bauchwand und Magenwand ein dicker Ballonkatheter geführt und verankert, der Magen zugenäht, an der Bauchwand fixiert und die Bauchwunde routinemäßig verschlossen. Jetzt können der Tierchirurg und sein Team tief durchatmen – wieder ein Hundeleben gerettet!

Ballonkatheter

Über den Ballonkatheter entweichen einerseits weitere Gase, andererseits kann der Besitzer das Tier mit hochkonzentrierter, flüssiger Kraftnahrung und Medikamenten darüber direkt versorgen. Ein Kragen und eine „Hose“ schützen die Wunde und den Katheter vor Verschmutzung und vor den Zähnen des Hundes.

Nachbehandlung

Nach diesen Aufregungen wieder glücklich zu Hause angekommen, heißt es viel Geduld, aber kein falsches Mitleid mit dem Hund zu haben.

Natürlich ist ihm der Schutzkragen in der Wohnung und im Garten hinderlich. Der Katheter stört ihn, die Nähte beginnen zu jucken. In jedem unbeobachteten Augenblick versucht er, diese lästigen Dinger loszuwerden. Dies muß unter allen Umständen verhindert werden.

Beißt der Hund die Operationsnarbe auf, können Eiterungen oder eine Bauchfellentzündung alle vorangegangene Mühe zunichte machen. Nach rund 10 bis 14 Tagen können Katheter und Nähte entfernt werden. Mit ein bißchen Diät und Erholung ist bald wieder alles in Ordnung.

Halten Sie sich strikt an die begründeten Anweisungen des Operateurs! Ich bin jedoch der Meinung, daß der beste und schönste Klinikaufenthalt – vorausgesetzt, das Tier braucht nicht eine intensive medizinische Betreuung – die liebevolle und verantwortungsbewußte Betreuung durch die Familie in der gewohnten Umgebung nicht wettmachen kann.

29. Leber, Bauchspeicheldrüse und Milz

Wenn die Schleimhäute des Hundes gelb sind, wenn die Haut der Ohrmuschel gelblich ist, wenn der Harn dunkelbraun und der Stuhl ganz hell und lehmig ist, wenn der Vorderbauch immer größer und prall wird und schmerzt, obwohl dem Hund Rippen und Wirbelsäule herausschauen, liegt mit hoher Wahrscheinlichkeit ein schwerwiegendes Leberproblem vor.

Die Leber ist eines der wichtigsten Organe für das Stoffwechselgeschehen, die Blutbildung und die Verdauung des Hundes. Sie ist ein multifunktionelles Organ – unter anderem produziert sie Galle als Verdauungssaft für die Fettverdauung – mit sehr hohem Regenerationsvermögen. Wenn der Besitzer an seinem Hund eine krankhafte Veränderung, die durch die Leber bedingt ist, bemerkt, sind meistens schon sehr fortgeschrittene Schäden vorhanden.

Weitere Anzeichen für eine Lebererkrankung sind Bauchkrämpfe, Erbrechen (gelb gefärbt) und saurer Mundgeruch. Der Hund ist apathisch und appetitlos, müde und schwach. Nur der Tierarzt kann feststellen, ob eine Lebervergrößerung, eine Leberentzündung, ein Leberschaden, ein Gallengangverschluß, Gallenblasensteine oder ein Lebertumor vorliegen. Im fortgeschrittenen Stadium kann die Leber ihre wichtige Funktion als Entgifter nicht mehr erfüllen. Dadurch kommt es zu schwersten Vergiftungserscheinungen.

Verursacht werden Leberschäden durch Infektionen (Bakterien, Viren), durch Endotoxine (innere Gifte), falsche Ernährung (verdorbenes Fleisch, infiziertes Fleisch, zu viel Fett, scharfe Gewürze), Chemikalien (Maler- und Dispersionsfarben, Tapetenkleister, Bodensiegellacke, Waschpulver, Spülmittel, Streusalz etc.).

Die Bauchspeicheldrüse (Pankreas) hat zwei wesentliche Funktionen: erstens exokrine, das heißt, sie produziert Verdauungssäfte, die in den Darm ausgeschüttet werden; zweitens endokrine, das heißt, sie erzeugt lebenswichtige Hormone wie das Insulin, das den Zuckergehalt des Blutes reguliert. Ist die Pankreas nicht in Ordnung, wird der Hund entweder zuckerkrank (Diabetes mellitus), oder es kommt zu schwersten Verdauungsstörungen.

Die Milz ist eine wichtige Produktionsstätte von Abwehrzellen. Sie wird auch Friedhof der Blutkörperchen genannt, weil sie alte und funktionsuntüchtige weiße (Leukozyten) und rote Blutkörperchen (Erythrozyten) aus dem Blut beseitigt.

Erkrankungen dieser Organe des Hundes sind häufig. Vor allem Milz- und Lebertumore nehmen bei alten Hunden sehr zu. Daher ist die regelmäßige Vorsorgeuntersuchung (siehe Kapitel 16, Seite 108) durch den Tierarzt zur frühen Erfassung der drohenden Erkrankungen enorm wichtig.

Warum fressen manche Hunde alles, was ihnen vor die Schnauze kommt, und nehmen trotzdem rapide ab?

Entweder hat der Hund in seinem Körper einen großen Tumor, oder er leidet unter einer Unterfunktion der Bauchspeicheldrüse. Sie produziert durch eine Erkrankung zu wenig Verdauungsferment, daher wird die Nahrung kaum verdaut ausgeschieden. Der Stuhl ist hellgrau, flüssigbreiig, übelriechend und mit viel Schleim überzogen. Nach der entsprechenden Untersuchung und Behandlung durch den Tierarzt muß der Hund mit Diätfutter (siehe Seite 39) ernährt werden. Die fehlenden Verdauungsfermente werden ihm täglich in Tablettenform verabreicht.

Was ist die Ursache, wenn der Hund sehr viel trinkt und sehr viel Harn absetzt?

Das kann natürlich sehr viele verschiedene Ursachen haben. Stellt der Tierarzt bei der Laboruntersuchung Zucker im Harn und im Blut fest, leidet der Hund an Zuckerkrankheit (Diabetes mellitus). Es muß ihm ab sofort täglich die vom Tierarzt bestimmte Menge Insulin zugeführt werden. Der Besitzer verabreicht sie ihm mittels

Injektion unter die Haut. Darüberhinaus muß der Harnzucker täglich vom Besitzer mit einem Teststreifen, der Blutzucker wöchentlich vom Tierarzt kontrolliert werden. Die Lebenserwartung von zuckerkranken Hunden ist herabgesetzt.

Kann der Hund ohne Milz leben?

Leidet der Hund unter einem Milztumor, wird der Tierarzt meistens sorgfältig und rasch die gesamte Milz entfernen. Mit Bluttransfusionen und Infusionen, Antibiotika und Vitaminen wird die Abwehr des Hundes einige Wochen durch den Tierarzt gestärkt. Der Besitzer unterstützt dies mit hochwertigem eiweißreichem Diätfutter (High Concentrations Diet).

30. Herz und Kreislauf

Das Herz ist Motor des Kreislaufes und Sauerstoffversorger des gesamten Organismus, vor allem der lebenswichtigen Organe. Herz, Kreislauf und Lunge stehen im Mittelpunkt jeder chirurgischen Handlung, insbesondere bei alten Hunden. Je älter der Hund ist, desto sorgfältiger muß man ihn untersuchen und desto umsichtiger muß man ihn auf eine Operation vorbereiten. Neben altbewährten Untersuchungsmethoden (abhören, pulsfühlen usw.) machen Röntgen, EKG und Ultraschall, Labordiagnose und High tech-Operationsraumausrüstung mancher Tierklinken es möglich, daß auch alte Tiere mit großer Sicherheit erfolgreich operiert werden können.

Die Cardiologie (Herzkunde) des Hundes als wesentliches Fachgebiet der internen Medizin hat in den letzten zehn Jahren solche Fortschritte gemacht, daß sich in Amerika bereits ein eigenes großes Herzdiagnosezentrum etabliert hat, an das weltweit mehrere tausend Tierärzte per Telefax angeschlossen sind. Die Diagnose und die Behandlung des herzkranken Hundes werden durch die Einbeziehung der dortigen Herzspezialisten durch raschesten Austausch von EKG-, Röntgen und Labordaten optimiert.

Die für den Besitzer bei Herz- und Kreislaufstörungen des Hundes erkennbaren Symptome sind leider sehr spärlich. Darum ist ab dem mittleren Hundealter jährlich eine gründliche Herz-Kreislauf-Untersuchung empfehlenswert.

Wodurch entstehen Herz- und Kreislaufprobleme, und wie äußern sie sich?

Am häufigsten entstehen Herz- und Kreislaufprobleme durch Überfütterung. Das Herz des übergewichtigen Hundes ist ständig überbelastet. Dadurch kann es mit der Zeit zu verschiedenen Herzerkrankungen (Herzklappenfehler, Herzerweiterung usw.) und Kreislaufstörungen (venöse Stauungen) kommen.

Sie äußern sich durch rasche Müdigkeit, Atemnot, Husten, blaue Zunge und blaue Schleimhäute, schwachen Puls und im fortgeschrittenen Stadium durch Flüssigkeitsansammlungen in den Körperhöhlen (Bauchwassersucht) und in den Beinen sowie durch einen Kollaps. Beobachten Sie eine oder mehrere dieser Symptome an Ihrem älteren Hund, bringen Sie ihn so rasch wie möglich zum Tierarzt.

Was kann man tun, wenn der alte Hund beim Spaziergang Atemnot bekommt und umfällt?

Bei einem alten Hund, der womöglich überfüttert ist, kann schon bei einem gar nicht besonders anstrengenden Spaziergang akute Herz- und Kreislaufschwäche auftreten. In diesem Fall ist es wichtig, daß Sie ihm sein Maul öffnen und seine Atemwege freihalten, wobei Sie aufpassen müssen, daß die Zunge nicht in den Rachen rutscht.

Sorgen Sie dafür, daß der Hund raschest zum Tierarzt kommt, wo sofort Erste Hilfe durch Verabreichung von Herz- und Kreislaufmitteln, intensive Sauerstoffzufuhr, wenn nötig künstliche Beatmung und Infusionstherapie durchgeführt werden können. Mit herz- und kreislaufunterstützenden Medikamenten, ständiger und regelmäßiger Kontrolle durch den Tierarzt und Abmagerungsdiät (siehe Seite 39) wird das Hundeleben wieder lebenswert.

Aus welchem Grund kippt ein sehr alter Hund plötzlich um und verhält sich

Bei alten Hunden ist häufig zu beobachten – vor allem bei massiver Wetteränderung – wie sie beim Aufstehen wie vom Schlag getroffen zu

anschließend, als hätte er einen „Schlaganfall" erlitten?

sammenbrechen und danach eine Seite lahm ist. Das arme Tier hält seinen Kopf schief, kann kaum aufstehen, seine Zunge und seine Schleimhäute sind blau-rot, es hechelt und legt sich sofort wieder nieder.

In diesem Fall ist es ganz sicher durch eine altersbedingte Herz- und Kreislaufschwäche zu schwersten Durchblutungsstörungen und zu Sauerstoffmangel im Gehirn, im Rückenmark und in den Gliedmaßen gekommen. Tragen Sie das Tier sofort zum Tierarzt. Er wird versuchen, mit Herz-Kreislaufmedikamenten, Sauerstoff-Beatmung, nervendurchblutungsfördernden Präparaten und Vitamin-B-Injektionen den Hund wieder auf die Beine zu bringen. Diese Medikamente muß das Tier jetzt zeitlebens bekommen.

31. Nieren und ableitende Harnwege

Wenn der Hund unter Nierenproblemen leidet, gibt er dies seinem Besitzer oft recht unmißverständlich zu verstehen: Er verbellt den leeren Wassernapf, er klappert mit ihm, er stellt die Vorderbeine auf die Waschmuschel und trinkt auch sonst überall, wo er nur an etwas Flüssiges herankommt. Nierenkrankheiten werden nämlich immer von Riesendurst begleitet. (Natürlich kann nur der Tierarzt erkennen, ob das große Durstgefühl von einer Erkrankung der Niere herrührt.)

Die Nieren sind das wichtigste Organ zur Ausscheidung von Stoffwechselabbauprodukten. Sie arbeiten wie Filter und sind neben der Leber die wesentlichsten Entgiftungsorgane des Organismus.

Um die harnpflichtigen Substanzen ausscheiden zu können, brauchen die Nieren sehr viel Flüssigkeit und sehr viel Sauerstoff. Beides wird ihnen über das Blut zugeführt. Daher sind für das gesunde Funktionieren dieser Organe ein gesundes Herz und ein gesunder Kreislauf Voraussetzung. Sauerstoffmangel und Durchblutungsstörungen führen zu schwersten Funktionsstörungen der Niere.

Kann sie dadurch die harnpflichtigen Substanzen nicht ausscheiden, werden auch alle anderen Organe in ihrer Funktion schwerstens gestört. Wird die kranke Niere nicht rasch behandelt, kann es zur Selbstvergiftung des gesamten Organismus und innerhalb kürzester Zeit zum Tod durch Urämie kommen.

Bei Hunden aller Rassen sind Probleme mit den ableitenden Harnwegen (Harnleiter, Blase, Harnröhre) häufig. Hündinnen haben eine kurze Harnröhre, dadurch können Keime rasch in die Blase aufsteigen. Sie leiden daher sehr oft unter Blasenkatarrh.

Die Harnröhre des Rüden ist länger, hat aber mehrere Engstellen. Dort können Blasensand und Blasensteine steckenbleiben und einen Harnröhrenverschluß bewirken. Er stellt eine lebensbedrohende Notfallsituation dar, an der der Hund binnen Stunden sterben kann (Urämie).

In diesem Zusammenhang eine Warnung und Bitte an alle Hundebesitzer: Auch im normalen Alltagsleben, aber vor allem während Krankheiten und insbesondere nach Operationen sollte der Besitzer auf die vitalen Funktionen seines Hundes ganz genau achtgeben: Uriniert er, hat er Stuhl, frißt und trinkt er? Auch die Qualität und Quantität sollte dabei beachtet werden, und ob der Hund Fieber hat. Jede Abweichung vom Normzustand ist für den Tierarzt eine wichtige Information. War der Hund bis dahin gesund, kann man ihn unter Umständen dadurch vor dem Ausbruch einer Krankheit bewahren. Ist der Hund aber krank oder wurde er operiert, ist jede Information über Veränderungen der vitalen Funktionen aus folgendem Grund wichtig: Der Tierarzt kann dadurch den Heilungsverlauf viel umsichtiger und präziser steuern.

Wie kündigt sich eine Erkrankung der Nieren an?

Das erste Zeichen für eine Funktionsstörung der Nieren ist großes Durstgefühl. Der Hund wird sehr viel urinieren, üblen Mundgeruch haben, erbrechen und im fortgeschrittenen Stadium blutigen Durchfall absetzen. Er magert ab, trocknet aus, das Fell ist glanzlos und struppig, das Tier ist apathisch und riecht am ganzen Körper nach Urin. Die Mundschleimhaut ist voll mit Geschwüren. Wird der Hund nicht raschest behandelt, tritt innerhalb kürzester Zeit der Tod ein.

Uringeruch

Wenn der Hund einmal Nierenprobleme gehabt hat, gehört es zur Sorgfaltspflicht des Besitzers und des Tierarztes, daß regelmäßig – je nach Schwere der Erkrankung, des Nierenzustandes und des Alters des Hundes – die nierenspezifischen Blutwerte und der Harn regelmäßig (von wöchentlich bis viertel- und halbjährlich) kontrolliert werden.

Was ist die Ursache, wenn der Hund bei einer Berührung in der Lendengegend aufjault?

Schmerzen die Nieren des Hundes (sie liegen in der Lendengegend) so stark, daß er bei jeder Berührung gepeinigt aufjault, leidet er entweder unter einer akuten Nierenentzündung, unter Nierensteinen oder unter Nierenbeckenentzündung. Stellt der Tierarzt unter anderem eine abnormal hohe Konzentration an harnpflichtigen Substanzen im Blut fest, liegt eine Nierenfunktionsstörung vor.

Schmerzen in der Lendengegend können aber auch von einem Bandscheibenvorfall verursacht werden (siehe Dackellähmung, Seite 198).

Was ist zu tun, wenn der Rüde drückt und drückt, aber es kommt kein Harn?

Harnröhrenverschluß

Das ist ein Notfall! Warten Sie nicht, sondern bringen Sie den Hund sofort zum Tierarzt. Vermutlich hat der Hund einen Harnröhrenverschluß, verschuldet durch Blasensteine, die in der Harnröhre steckengeblieben sind. Der Tierarzt wird versuchen, mit Injektionen und Katheter den Harnabfluß zu sichern. Ist dies nicht möglich, muß sofort operiert werden.

Als Nachbehandlung empfiehlt sich viel Flüssigkeit (Bärentraubenblättertee mit Honig) und ein spezielles Nierendiätfutter (siehe Kapitel 4, Seite 39). Auch wenn die Funktion der Niere herabgesetzt ist, kann sie durch viel Flüssigkeit die harnpflichtigen Substanzen einigermaßen ausscheiden.

Wie kann die Bildung von Blasensteinen bei Hunden verhindert werden?

Es gibt Hunde, die die individuelle Veranlagung zur Blasensteinbildung haben. (Blasensteine und Blasensand bilden sich, wenn neben einer Blasenentzündung eine Stoffwechselstörung vorliegt. Nierensteine kommen bei Hunden nur selten vor.) Um zu vermeiden, daß der Hund noch einmal Blasensteine bekommt, muß die Zusammensetzung der entfernten Steine analysiert werden. Danach richten sich die Behandlung und die Zusammensetzung des speziellen Diätfutters (siehe Seite 39), welches der Hund sein Leben lang fressen muß.

Ist blutiger Urin ein Alarmzeichen?

Das Blut im Urin kann von der Niere, vom Harnleiter, aus der Harnblase und Harnröhre oder beim Rüden aus der Prostata kommen. Am häufigsten handelt es sich um einen Blasenkatarrh oder eine Blasenentzündung durch Infektion, Verkühlung, Blasensand oder Blasensteine, aber es können auch Blasendivertikel, Polypen und Tumore bzw. Prostataprobleme dafür verantwortlich sein.

Die Ursache genau festzustellen, ist die Aufgabe des Tierarztes. In allen Fällen muß der Tierarzt so rasch wie möglich aufgesucht werden. Wärme, schmerzstillende und krampflösende Zäpfchen sowie reichlich Bärentraubenblättertee mit Honig können bis zum Tierarztbesuch das Leiden des Hundes lindern.

Warum verlieren viele Hündinnen nach der Kastration Harn?

Wird eine Hündin zu früh kastriert, kommt es fast immer zu einer Blasenschließmuskel-Funktionsstörung und damit zum Harnträufeln. Vor allem in der Nacht. Am Morgen findet der Besitzer das Tier in einem großen feuchten Fleck liegen.

Harninkontinenz

Mit Hormoninjektionen oder einem Spezialpräparat kann der Tierarzt eventuell eine Besserung herbeiführen und das Harnträufeln („Harninkontinenz“) stoppen. Vermieden kann das Problem werden, wenn die Hündin erst nach der dritten Läufigkeit kastriert wird.

Warum macht der Hund plötzlich auf den Teppich?

Wenn das nur manchmal vorkommt, kann es eine Protesthandlung sein. Macht der Hund aber immer wieder auf den Teppich, kann auch eine Blasenentzündung oder andere Erkrankung der ableitenden Harnwege daran schuld sein.

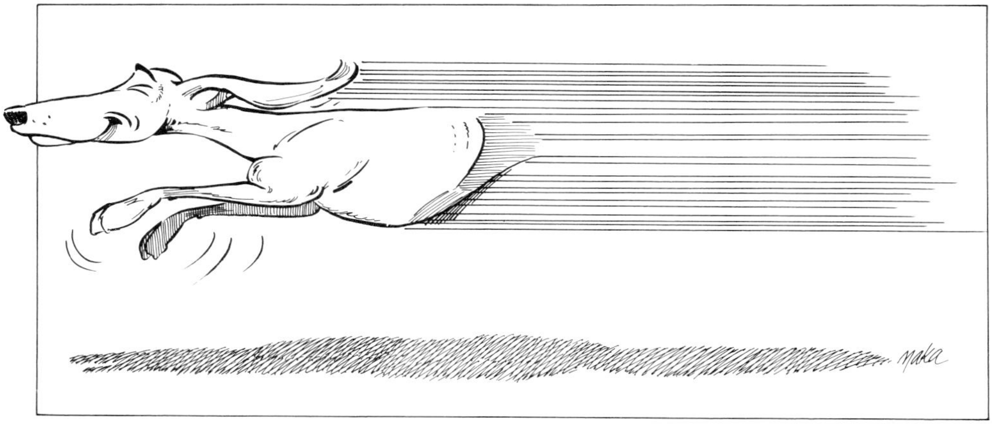

32. Nervensystem, Wirbelsäule und Bewegungsapparat

Das Knochengerüst des Hundes ist durch Entwicklungsstörungen, degenerative Erkrankungen und durch Unfälle gefährdet. Vor Unfällen kann der Besitzer sein Tier noch am ehesten schützen.

Viele Hunderassen haben erb- und haltungsbedingt in der Jugend Entwicklungsstörungen. Deutsche Schäferhunde zum Beispiel können in der Schulter und im Ellbogen Verknöcherungsprobleme haben, dann wachsen Knochenteile des Skelettes nicht zusammen. Auch die mangelnde Ausbildung der Gelenkspfanne der Hüfte (Hüftdysplasie) gehört dazu. Diese Entwicklungsstörung betrifft vor allem große Rassen (Schäferhunde, Rottweiler, Bernhardiner, Mastino Napoletano usw.). Beim Pudel kommt es häufig zur Fehlentwicklung des gesamten Kniegelenkes und dadurch zu einer angeborenen Luxation der Kniescheibe. Im fortgeschrittenen Stadium kann der arme Vierbeiner gar nicht mehr gehen.

Bei älteren Hunden kommt es zu degenerativen Erkrankungen. Boxer zum Beispiel bekommen Wucherungen an der Wirbelsäule, hauptsächlich beim Dackel verkalken die Bandscheiben vorzeitig, es kommt dadurch zur bekannten Dackellähmung.

Eines der schwierigsten und meistdiskutierten Probleme bei großen Hunderassen ist die Hüftgelenksdysplasie bzw. bei kleinen Hunderassen das Absterben des Oberschenkelkopfes.

Erkrankungen des Nervensystems sind Krankheiten des Gehirns, des Rükkenmarks und der peripheren Nerven. Erscheinungsformen dieser Krankheiten sind Minderung der Aufmerksamkeit, Orientierungsverlust, Gleichgewichtsstörungen, Anfälle, Krämpfe, Bewegungsstörungen und Lähmungen verschiedenen Grades. Alle diese Fälle gehören zur neurologischen, röntgenologischen und labormäßigen Abklärung in die Hand eines erfahrenen Spezialisten für Kleintierchirurgie.

Eines der häufigsten Probleme in der Praxis sind epileptische Anfälle und Krämpfe. Diese Anfälle sind zwar nicht heilbar, aber die Anfallsbereitschaft kann man mit der täglichen Gabe von Medikamenten zurückdrängen. Dabei sollte man bedenken, daß der Besitzer den Hund von Aufregungen und von physischen und psychischen Belastungen verschonen sollte.

Was versteht man unter Dackellähmung?

Dackel, Spaniel, Beagle, französische Bulldogge, Pekinese und Pudel (auch chondrodystrophische Rassen genannt) leiden unter einer Fehlentwicklung der Knorpelbildung. Bei diesen Hunderassen kann die sogenannte Dackellähmung auftreten. Vermutlich weil Dackel am häufigsten daran erkranken und es bei ihnen am öftesten zur Lähmung kommt, wird die Krankheit so genannt. Ebensogut könnte sie Spaniellähmung oder Pekinesenlähmung heißen.

Vorfall der Bandscheiben

Dabei kommt es zu einer Vorwölbung oder zum Vorfall der frühzeitig verkalkten Bandscheiben in den Wirbelkanal, die dadurch auf die Nervenbahnen im Rückenmark drücken. Diese Vorwölbung oder Vorfall ist zuerst mit Schmerzen und später mit leichter, mittelgradiger oder hochgradiger Lahmheit verbunden.

vorbeugende Maßnahmen

Wer einen Hund mit langem Rücken und kurzen Beinen sein eigen nennt, sollte auf jeden Fall vorbeugend folgendes beachten: Lassen Sie den Hund nicht springen, nicht über die Stiegen von mehreren Stockwerken hinunterlaufen, und überfüttern Sie ihn nicht, auch wenn er seinen schönsten Dackel-Bettelblick aufsetzt.

Woran erkennt man, ob der Hund an Dackellähmung erkrankt ist?

Wenn Dackel (oder Pekinesen, oder Spaniel, ...) von sich aus nicht mehr an Ihnen hochspringen, nicht über Stufen hinuntersteigen und nicht mehr in den Wagen hineinspringen wollen, dann sind das schon erste Anzeichen, daß unter Umständen eine Vorwölbung beginnt.

Rückenschmerzen

Sind bereits Schmerzen vorhanden, zuckt der Hund zusammen, wenn man über seinen Rücken streichelt. Später jault er sogar auf oder beißt in Richtung Hand des Besitzers. Bringen Sie den Hund unbedingt und so rasch wie möglich zum Tierarzt. Es handelt sich um einen Notfall!

Anhand einer Röntgenaufnahme, auf der die verkalkten Bandscheiben deutlich sichtbar sind, kann der Veterinär beurteilen, wo genau die Erkrankung lokalisiert und wie weit sie bereits fortgeschritten ist. Zusammen mit der neurologischen Untersuchung ist für den Tierarzt dann eindeutig klar, ob eine konservative Behandlung oder eine Operation bevorzugt werden soll.

Wie kann bei Dackellähmung geholfen werden?

Je nach Grad der Erkrankung gibt es heutzutage mehrere wissenschaftlich verifizierte Behandlungsmethoden und Behandlungsmöglichkeiten.

Ruhe und Wärme

Das wichtigste ist zunächst Ruhe und Wärme. Der Tierarzt wird hohe Dosen Vitamin B und unter Umständen entzündungshemmende Mittel verabreichen. Nach diesen Injektionen ist der Hund schmerzfrei.

Das sollte aber den Besitzer nicht dazu verleiten, daß er dem Hund erlaubt, sich ungehemmt zu bewegen und zu springen. Aus einer Vorwölbung kann binnen Sekunden bei einer schlechten Bewegung ein Vorfall werden. Dem Besitzer sollte bewußt sein, daß jeden Augenblick eine Lähmung auftreten kann.

Entfernung der verkalkten Bandscheiben

Oftmals empfiehlt es sich auch, vorbeugend verkalkte Bandscheiben zu entfernen. Man weiß, daß die Verkalkung in achtzig Prozent der Fälle zwischen dem letzten Brustwirbel und den ersten vier Lendenwirbeln vorkommt. Entfernt man nun diese vier bis sechs Bandscheiben, kann der Hund hier klarerweise nie mehr einen Bandscheibenvorfall bekommen.

Erfolgt nach einem ersten Schmerzanfall wenige Wochen später ein zweiter, dann sollte unbedingt operiert werden. Warten Sie nicht so lange, bis der Zustand des Hundes hoffnungslos ist. Es gibt keine Injektion, keine Akupunktur, keine homöopathischen Mittel, welche eine harte, vorgefallene Bandscheibenmasse aus dem Wirbelkanal entfernen können. Im Gegenteil. Je länger ich mit der Entfernung warte, desto schlechter werden die Aussichten auf eine vollkommene Heilung.

In Fachkreisen gilt: Je schneller die Lähmung auftritt, desto schneller sollte eine Druckentlastung des Rückenmarkes durchgeführt werden und desto besser sind die Chancen auf eine Regeneration des Rückenmarkes und der Nerven.

Nach welchen Gesichtspunkten werden der Bandscheibenvorfall und die Dackellähmung nach dem heutigen Stand der Medizin behandelt?

Bei der Beurteilung der Behandlungsrichtlinien sind folgende Fakten zu beachten: Wann war der erste Schmerzanfall? Wieviel Zeit ist seither vergangen? War das der erste Anfall überhaupt, oder wie oft haben Anfälle schon stattgefunden? Wie gut sind die Reflexe, wie schwer die neurologischen Ausfallserscheinungen (Bewegungsstörungen, Lahmheiten)? Wie ist der Allgemeinzustand des Dackels, wie steht es mit seinen Organfunktionen?

Ist ein Rückenmarksegment oder sind mehrere Segmente und mehrere Nerven betroffen? Sind nur die sensorischen Nervenbahnen betroffen oder auch die motorischen? Haben wir es nur mit einem Schmerzzustand oder bereits mit Lahmheiten verschiedenen Grades zu tun?

Nach Abwägen aller dieser Gesichtspunkte kann man sagen: In den leichtesten Fällen und am Anfang genügen meistens schmerzstillende, entzündungshemmende Vitamin-B-Injektionen und absolute Ruhe und Wärme.

Vitamin-B-Injektionen

Im wiederholten Fall sollten die Bandscheiben in der betroffenen Gegend restlos entfernt werden (Diskus Fenestration). Sind auch motorische Ausfallserscheinungen, d. h. verschieden schwere Bewegungsstörungen vorhanden, dann genügt nicht eine Entfernung der Bandscheiben (Fenestration), sondern es müssen eine direkte Auffräsung des Wirbelkanals (Laminektomie oder Hemilaminektomie), eine direkte Freilegung und Druckentlastung des Rückenmarkes und eine direkte Entfernung des vorgefallenen harten Bandscheibenmaterials aus dem Wirbelkanal erfolgen. Das ist unbedingt notwendig.

Fenestration

Kann der Dackel nach der Operation wieder anstandslos gehen?

Es ist zwar für den Besitzer eines frisch gegen Dackellähmung operierten Hundes – und auch für mich immer wieder – fast wie ein Wunder, wenn der vorher mehr oder minder gelähmte Hund schon nach ein paar Tagen wieder stehen kann. Doch ist mit der Operation allein nicht alles getan!

Jetzt warten auf den Besitzer des armen Kerlchens unter Umständen bis zu acht Wochen harte Arbeit (manche Hunde erholen sich auch binnen Stunden, andere binnen ein paar Tagen): Reizstromtherapie, tägliche Geh- und Stehübungen, Gymnastik mit ihrem Hund, schwimmen im warmen Wasser in der Badewanne, Katheterisieren des Hundes dreimal täglich, bis alle vitalen Funktionen wiederkommen. Die Regel besagt: Was binnen acht Wochen zurückkommt, das ist es. Später noch ein Wunder zu erwarten, ist wissenschaftlich nicht begründbar.

postoperative Therapie

Wäre es nicht vernünftiger gewesen, wenn sich keine Besserung einstellt, den Hund erst gar nicht zu operieren?

Was im Augenblick des Vorfalles im Rückenmarkbereich zerstört wird und abstirbt, das kann kein Arzt, keine Operation retten. Durch die Operation kann nur eine Druckentlastung und eine Regenerationsmöglichkeit der noch lebensfähigen Nervenbahnen ermöglicht und gesichert werden. Aber abgestorbene, tote Nervenbahnen kann man nicht wieder lebendig machen.

Ich bin trotzdem für die Operation, weil Sie dem Tier und dem Besitzer eine reelle Chance offenläßt. Das kann ich nach unzähligen Operationen in mehr als 25 Jahren mit ausgezeichneten Langzeitergebnissen – über 90 Prozent der Dackel bewegten sich hernach noch viele Jahre munter und lustig – guten Gewissens sagen.

Was ist der Grund, wenn der Hund sich nicht mehr zu seinem Freßnapf bükken will?

Vorfall der Halsbandscheiben

Bei chondrodystrophischen Hunderassen kommt es neben der Dackellähmung auch öfters vor, daß die Halsbandscheiben vorzeitig verkalken. Die Vorwölbung oder der Vorfall dieser Bandscheibe in den Wirbelkanal verursacht große Schmerzen und unter Umständen neurologische Ausfallserscheinungen, wie zum Beispiel Lähmungen der Vorderbeine. Die Schmerzen sind so unerträglich, daß die Tiere bei jeder Bewegung durchdringende Laute von sich geben. Daher versuchen sie natürlich, jede Bewegung zu vermeiden.

Nach Entfernung der Bandscheiben werden die Schmerzen zwar sofort wesentlich geringer, dauern aber noch einige Wochen an, weil die Regeneration des Rückenmarkes und der Nerven durch die Bewegungen des Halses verzögert wird. Darüber verzweifeln die Besitzer oft und sind der Meinung, daß die Operation mißlungen ist oder nichts genützt hat. Ein nach drei bis sechs Wochen von Bandscheibenschmerzen befreiter Hund wird sie vom Gegenteil überzeugen.

Warum hinken manchmal große Hunde abwechselnd links oder rechts und können ihr kleines und großes Geschäft nicht mehr verrichten?

Wenn große Hunderassen wie Doggen, Rottweiler, Deutsche Schäferhunde, Collies, Setter, Boxer und Berhardiner etwas älter werden, treten oft beunruhigende Symptome auf. Das Tier beginnt abwechselnd links und rechts zu hinken, knabbert an seinem Schwanz, manchmal auch an den Unterschenkeln.

Streichelt man über den Rücken des Hundes, knurrt er und zeigt die Zähne. Auch mit dem Harn- und Kotabsatz gibt es Probleme. Der Hund steht in der Früh schwer auf, will nicht Stiegen steigen und hüpft über kein Hindernis mehr.

Bandscheibenverkalkung Wirbelwucherungen und -verschiebungen

Das Röntgenbild der Wirbelsäule zeigt, wo das Übel steckt: Es können Bandscheibenverkalkungen vorliegen, Wirbelwucherungen, Wirbelverschiebungen, vorgewölbtes Bandscheibenmaterial kann sichtbar sein.

Die für den Hund so schmerzhaften Folgen: Das Rückenmark, aber vor allem die austretenden Endnerven, welche im wesentlichen für die Funktion der hinteren Gliedmaßen, für Blase, Mastdarm und Schwanz verantwortlich sind, werden durch diese Veränderungen zusammengedrückt. Durch Wucherungen können Blutgefäße gestaut werden, und diese Erweiterungen drücken ebenfalls auf die Nerven.

konservative Behandlung

Mit einer konservativen Behandlung (Verabreichung von Injektionen, schmerzstillenden Mitteln, entzündungshemmenden Präparaten) kann man diese Krankheit und ihre Ursachen kaum beheben, sondern nur den Schmerz zeitweilig lindern.

Der schwere, krankhafte Prozeß wird nicht gestoppt, sondern schreitet bis zur Gehunfähigkeit weiter. Daher ist eine solche Behandlung nur bei sehr alten Hunden und solchen, deren Herz-Kreislauffunktion für eine Operation zu schwach ist, angebracht.

Operation

In jedem anderen Fall empfiehlt es sich, sobald wie möglich einen chirurgisch versierten Tierarzt aufzusuchen. Durch die Operation kommt es zur Druckentlastung der Nerven und gleichzeitig wird die instabile, verschobene Wirbelsäule mit Platten und Schrauben stabilisiert.

Jahrelange Erfahrungen mit diesem Eingriff beweisen, daß sich Hunde nach dieser Operation überraschend schnell erholen, bald wieder voll bewegungsfähig und beschwerdefrei sind. Es ist auch kein Rückfall zu erwarten, und das Tier kann noch viele Jahre schmerzfrei leben und sich bewegen.

Warum können ältere Schäferhunde in der Früh mit den Hinterbeinen kaum aufstehen und keinen Harn absetzen?

Manchmal kommt es vor, daß große Hunderassen wie Schäfer oder Dobermann mitten im Spielen oder Laufen plötzlich mit den Hinterbeinen einknicken, und der Schwanz hängt leblos herunter.

Verengung des Wirbelkanals

Dabei handelt es sich höchstwahrscheinlich um eine Kompression des Rückenmarkes im Lendenwirbel- und Kreuzbeinbereich – etwa durch ausgedehnte Wucherungen der Wirbelkörper, die den Wirbelkanal verengen. Dieses Problem kann mit Injektionen und Medikamenten nicht behoben werden. Jetzt hilft nur eine sehr anspruchsvolle Operation, bei der die Wirbelkörper aufgefräst, die angegriffenen Nerven freigelegt und von allem, was auf sie drückt, entlastet werden. Abschließend werden die betroffenen Wirbelkörper mit Platten und Schrauben stabilisiert.

Die langjährige Erfahrung zeigt, daß bei rechtzeitig durchgeführter Operation überraschend schnell gute Erfolge erzielt werden können. Die Hunde beginnen bereits nach Tagen wieder selbständig Harn und Kot abzusetzen, Schwanzreflexe kommen nach zwei, drei Wochen wieder, und bei entsprechender aktiver und passiver Übung normalisiert sich auch der Gang binnen sechs bis acht Wochen.

Was kann die Ursache sein, wenn Boxer kaum aufstehen können und gehen, als ob ihre Beine aus Holz wären?

Bei Boxern tritt im fortgeschrittenen Alter häufig auch die sogenannte Spondylosis deformans auf. Das Röntgenbild zeigt hühnerschnabelartige Wucherungen meistens rund um die Lendenwirbel. Dies verursacht natürlich starke Schmerzen, und der Hund versucht, diesen Bereich der Wirbelsäule möglichst nicht zu beanspruchen.

Wucherungen im Lendenwirbelbereich

Wenn die Wucherungen ausgedehnt sind und mehrere Wirbelkörper erfassen, würde ich nur Injektionstherapie, Tabletten, homöopathische Mittel mehrmals im Jahr vorschlagen, damit Ihr Hund keine Schmerzen hat und das Fortschreiten der Krankheit verzögert wird.

Sollte sich diese Veränderung aber auf ein oder zwei Wirbelkörper beschränken, dann kann man mit einem neuro-orthopädischen Eingriff diese Wirbelkörper mit einer Platte und Schrauben oder einer anderen inneren Fixation stabilisieren. Der komprimierte Rückenmarksbereich wird durch Eröffnen des Wirbelkanals und Freilegung des Rückenmarks und der Nerven entlastet.

Was kann man bei Verletzungen der Wirbelsäule tun?

Bei der Wirbelsäule können durch Unfälle Wirbelverschiebungen, Wirbelbrüche und daraus resultierende Lähmungserscheinungen auftreten. Ist die Kontinuität des Rückenmarkes unterbrochen, ist das Leben für diesen Hund nicht mehr lebenswert.

Sollte ein Wirbelsäulenbruch aber nur soweit erfolgt sein, daß die Wirbelkörper nur leicht zueinander verschoben sind, kann man dieses Problem bei entsprechender Erfahrung, chirurgischem Können und vorhandener technischer Ausrüstung lösen, indem das Rückenmark und die Nerven freigelegt werden. Dann wird die Wirbelsäule an dieser Stelle rekonstruiert und mit Platten und Schrauben stabilisiert.

Wie werden Knochenbrüche beim Hund behandelt?

Jeder Knochenbruch, egal ob am Schulterblatt, Ober- oder Unterarm, im Knöchel- und Zehenbereich, im Beckenbereich, Ober- oder Unterschenkel, ist wie in der Humanmedizin klassifiziert. Je nach Schwere, Lokalisation und Art des Knochenbruches gibt es ganz bestimmte Behandlungsmethoden. Der Tierarzt wird anhand der Röntgenaufnahme die Entscheidung treffen, welche Methode für die Art des Bruches, die Größe, das Alter und den Allgemeinzustand des Hundes und die Möglichkeiten des Besitzers am besten entspricht.

Röntgenaufnahme

Nach diesen Gesichtspunkten und nach der Analyse des Falles wird der Knochen entweder genagelt, verschraubt, verplattet oder eine sogenannte Fixateur externa (eine äußere Schienung) angelegt. Auf alle Fälle wird der Tierarzt dafür sorgen, daß der Bruch form- und kraftschlüssig vereint wird und belastungs- und übungsstabil versorgt wird.

sechs- bis achtwöchige Nachbehandlung

Ist der Bruch nach sechs bis acht Wochen sorgfältiger Nachbehandlung und Schonung verheilt, ist kaum sichtbar, wo der Hund diesen Bruch gehabt hat. Jetzt werden Schrauben, Nägel und alle anderen Operationshilfen entfernt. Der Hund wird noch wochenlang geschont, dabei aber seine Fußbelastung gesteigert und langsam an das normale Hundeleben herangeführt.

Was ist die Ursache, wenn große Hunde ohne sichtbaren Anlaß plötzlich mit einem Vorderbein hinken?

Wenn Welpen großer Hunderassen abnormal rasch wachsen, kann es an einigen Gelenksflächen der Beine zu Knorpelnekrosen (Teile des Knorpels sterben ab) kommen. Diese Knorpelteile lösen sich ab und wandern als sogenannte „Gelenksmaus" frei im Gelenk. Meistens kommt dies im Schulter- und im Kniegelenk vor.

Eine andere Ursache des Hinkens kann eine Entwicklungsstörung im Ellbogengelenk sein. Durch lose Knochenstücke ist das gesamte Gelenk instabil. Es kommt zu Überbelastung, dadurch zu schweren Gelenksentzündungen und zu chronischen Schmerzen.

Abhilfe kann nur die chirurgische Entfernung der abgestorbenen Knorpel und der nicht angewachsenen Knochenteile bringen.

Warum wollen manche Hunde mit der Pfote, deren Knöchel schon wochenlang verdickt ist, nicht auftreten?

Vermutlich hat der Hund eine chronisch wuchernde Gelenksentzündung mit großen Schmerzen, die ihm die Belastung des Fußes unmöglich machen. Hier kann nur eine Versteifung des Knöchelgelenkes mit Platten und Schrauben oder Nägeln Abhilfe schaffen.

Warum schwenken Welpen großer Hunderassen beim Gehen die Hüfte stark hin und her, setzen sich oft nieder und können manchmal nur schwer aufstehen?

Hüftdysplasie

Bei großen Hunderassen (Schäferhunde, Rottweiler, Golden Retriever, Bernhardiner, Mastino Napoletano usw.) kommt leider sehr oft die sogenannte Hüftdysplasie (HD) vor. Dabei ist die Hüftpfanne so flach, daß der Oberschenkelkopf nicht korrekt überdacht ist. Dadurch ist die gesamte Hüfte hochgradig instabil, und es treten beim Stehen und Gehen große Schmerzen auf.

Neben umstrittenen und wenig erfolgreichen Operationsmethoden – wie Pektinektomie und Varisationsosteotomie – wurden in den letzten Jahren einige neue Methoden entwickelt, mit denen wackelnde Hundehüften wieder in Ordnung gebracht werden können.

Die dreifache Beckenosteotomie mit axialer Pfannenschwenkung und Pfannenkippung ist das derzeit modernste Verfahren zur optimalen Stabilisierung des Hüftgelenkes und der Überdachung des Oberschenkelkopfes. Die Methode wurde vom Autor in Wien ausgearbeitet und an hunderten Patienten mit Erfolg durchgeführt.

neue Operationsmethode zur Stabilisierung des Hüftgelenks

In einer mehrstündigen Operation wird die zu flache, vom Hüftknochen getrennte Pfanne nahezu soweit über den Oberschenkelkopf geschwenkt und gekippt, wie bei einem hüftdysplasiefreien, gesunden Gelenk. In dieser neuen Position wird die Pfanne mit einer Spezialplatte und entsprechenden Schrauben stabil am Darmbein und Sitzbein fixiert. Schon zwei bis drei Tage später treten die Hunde auch mit dem bis dahin wegen der großen Schmerzen nicht benützten Bein auf und belasten es von Tag zu Tag mehr. (Dieses an Hunden entwickelte Verfahren ist so erfolgreich, daß es der Autor mit zwei Partnern auch für die Humanorthopädie umgesetzt hat. Seit 1987 wird auch Menschen, die unter Hüftdysplasie leiden, mit der „polygonalen Beckenosteotomie" weltweit ein schmerzfreies Leben ermöglicht. Sie können einige Monate nach der Operation sogar wieder Sport betreiben.)

Wucherungen am Hüftgelenk

Treten am Hüftgelenk des Hundes bereits Wucherungen auf, dann können drei andere Methoden zur Anwendung kommen. Bei der ersten wird ein Knochenstück als Überdachung des Oberschenkelkopfes über der Pfanne befestigt (Acetabuloplastik). Oder es wird, wenn besonders starke Wucherungen die erste Lösung unmöglich machen, der gesamte Oberschenkelkopf und -hals weggesägt (Femurkopfresektion). Der Hund kann unter Umständen nur mehr unsicher und humpelnd gehen. Er hat jedoch keine Schmerzen mehr!

Die dritte Methode ist anspruchsvoll und sehr aufwendig: der Einsatz einer totalen Hüftprothese.

Um die Hüftdysplasie zurückzudrängen, ist eine sorgfältige und verantwortungsbewußte Zuchtauswahl und eine richtige, kalziumreiche Ernährung der Welpen erforderlich. Erkrankten Hunden kann durch eine frühzeitige Röntgenuntersuchung (bereits im Alter von fünf Monaten), und eine frühzeitige Operation (zwischen dem 5. und 18. Lebensmonat) ein beschwerdefreies und lebenswertes Dasein ermöglicht werden.

In welchem Alter können Hunde mit Hüftdysplasie operiert werden?

Diese Operation wird hauptsächlich bei Junghunden ab dem fünften Lebensmonat durchgeführt. Ist diese Fehlentwicklung der Hüfte noch nicht sehr weit fortgeschritten, kann man sie auch bei älteren und alten Hunden mit Erfolg einsetzen.

Entscheiden kann man das an Hand des Röntgenbildes und gründlicher Überlegungen: Erstens ist die Operation doch ein schwerer Eingriff, der genügend Widerstandskraft voraussetzt. Zweitens ist anzunehmen, daß die Gelenke bereits chronisch entzündet sind, Wucherungen aufweisen und drittens, daß die Hüft- und Oberschenkelmuskulatur bereits atrophisch (Muskelschwund) ist.

ab dem fünften Lebensmonat

Daher ist es wichtig, die Operation schon in jungen Jahren (ab dem fünften Monat!) durchführen zu lassen. Spricht vieles beim alten Hund gegen eine dreifache Beckenosteotomie, kann eine Acetabuloplastik, eine Femurkopfresektion oder eine Hüftprothese Schmerz- und Beschwerdefreiheit schaffen.

Was kann die Ursache sein, wenn kleine Hunde leicht hinken oder O-Beine haben?

Insbesondere kleine Hunde wie Pekinese, Yorkshire Terrier und Pudel leiden sehr häufig unter Kniescheibenluxation. Die typischen Merkmale: Der Hund hinkt, zieht das Bein hoch, um es beim Gehen nicht zu belasten, oder setzt sich überhaupt nach wenigen Schritten schon wieder nieder.

fehlerhafte Gleitpfanne

Dies hat folgende Ursache: Die Gleitpfanne, in der sich die Kniescheibe auf- und abbewegen kann, ist nicht tief genug ausgebildet. Diese Deformation des Kniegelenkes kann angeboren oder erworben sein. Bei jeder Bewegung rutscht dem Hund dadurch die Kniescheibe seitlich weg, und das ist je nach Deformationsgrad sehr schmerzhaft.

Wird dies beim Junghund nicht sofort in Ordnung gebracht, wird die Belastung des ohnehin schwachen Gelenkes durch das Wachstum immer schlimmer. Die Fehlstellung der Beine, die Fehllagerung und Instabilität nehmen zu – und damit natürlich auch die Schmerzen.

Selbst ein Laie kann in einem solchen Fall durch Abtasten die Ursache feststellen: Ganz deutlich springt die Kniescheibe beim Beugen und Strecken des Beines heraus. In dem Augenblick aber, wo das Bein keine Längs- und keine Drehstabilität hat, kommt es außerdem sehr leicht zu weiteren Seitenbandrissen. Bleibt die Kniescheibenluxation unbehandelt, kann das mit der Zeit außerdem zu chronischen arthrotischen Veränderungen und letztlich zur Versteifung des Kniegelenks und zu Gehunfähigkeiten führen.

Seitenbandriß

Bei der Operation im frühen Stadium wird die Gleitpfanne vertieft, in der sich die Kniescheibe bewegt. Liegt außerdem noch ein Seitenbandriß vor, muß das gerissene Band mit Kunststoff ersetzt werden.

Oft kommt es aber auch durch eine Fehlhaltung zu einer Verdrehung des Unterschenkels. Wird dies nicht ebenfalls repariert, kann das ganze Problem in kurzer Zeit wieder von vorne beginnen beziehungsweise erleiden Hunde, die einen Seitenbandriß haben, einen Kreuzbandriß, wenn der Fuß wieder belastet wird.

Was kann schuld sein, wenn ein größerer Hund plötzlich nur mehr auf drei Beinen hüpft?

Kreuzbandriß

Vollziehen Hunde beim lustigen Spielen und Toben mit vierbeinigen Kameraden plötzlich im Laufen einen Richtungswechsel, kann es passieren: Das Kreuzband im Kniegelenk reißt! Dabei jault der Hund markerschütternd auf, weil ihn das natürlich – auch in Folge – sehr schmerzt. Davon betroffen sind insbesonders größere Hunderassen wie Boxer, Schäfer, Rottweiler und Bullterrier. Um den Schmerzen möglichst zu entgehen, hüpft der Hund auf drei Beinen. Er sollte am besten sofort in die Ordination eines erfahrenen Veterinärchirurgen.

Die klinische Untersuchung zeigt eine Drehinstabilität. Ist auch noch der Schubladentest – dabei wird überprüft, wie sich der Oberschenkelknochen im Verhältnis zum Unterschenkelknochen bewegen läßt – positiv, ist das ein weiterer eindeutiger Beweis, daß ein Kreuzbandriß vorliegt. Dazu kann auch noch der innere Meniskus verletzt und womöglich auch das innere Seitenband in Mitleidenschaft gezogen sein.

Schubladentest

Ist die Diagnose eindeutig, kann bei sehr kleinen Hunden mit einer Ruhigstellung des Beines, mit Injektionen, heilungsfördernden Präparaten und Bestrahlungen unter günstigsten Umständen eine Verwachsung erzielt werden.

kleine Hunde: Ruhigstellung

Bei größeren Hunden, etwa vom Spaniel aufwärts, hilft keine Ruhigstellung. Es liegt eine absolute Operationsindikation vor. Alles andere wäre ein Kunstfehler, der in kürzester Zeit zu einer Kniegelenks-Arthrose führen kann und unter Umständen zu Muskelschwund und zu Gehunfähigkeit. Daher sollte auch sofort operiert werden.

große Hunde: Operation

Was die Operationsmethoden betrifft: Das Ziel der Operation ist die Gelenksstabilisation. Das kann außerhalb und innerhalb der Gelenkskapsel gemacht werden. Das Kreuzband wird aus Kunststoff oder aus einem Ersatzband aus der eigenen Muskelhaut ersetzt. Der abgerissene Meniskusteil wird entfernt, und wenn das Seitenband gerissen ist, muß natürlich auch dieses repariert werden. Wichtig ist anschließend die sehr sorgfältige Nachbehandlung mit zuerst passiver, dann aktiver Gymnastik.

Gibt es Hunde, die Gehbeschwerden nur vortäuschen?

Hunde können große Schauspieler sein. Wenn ihnen zu wenig Aufmerksamkeit geschenkt wird oder wenn sie beleidigt sind, lassen sie sich allerhand Unfug einfallen. So fangen manche an zu hinken oder täuschen Müdigkeit bis zur Erschöpfung vor.

Der Griff zum Lieblingsspielzeug „heilt" diese eingebildeten Patienten im Nu von ihrem Leiden. Wie ein Wiesel saust das Hinkebein plötzlich wieder über die Wiese, um einen geworfenen Gegenstand zu apportieren.

Warum beißen Hunde manchmal nach einem Unfall?

Es kommt manchmal vor, daß Hunde durch den Schock, den der Unfall ausgelöst hat, schnappen oder beißen. Lassen Sie von Ihrem Tierarzt auch abklären, ob der Hund vielleicht noch immer vom Unfall herrührende Verletzungen, etwa einen Bluterguß oder eine Narbenbildung, hat, die ihm Schmerzen verursachen. Es könnte auch sein, daß Knochen und Gelenke in Mitleidenschaft gezogen sind. Möglicherweise ist ein neuerliches Röntgenbild nötig, um zu sehen, ob das Schnappen mit einer solchen Verletzung zusammenhängt.

33. Tumore

Beginnen Zellen unkontrolliert und unaufhaltsam zu wachsen und sich zu vermehren, spricht der Fachmann von einem Neoplasma. Es hat sich jedoch im Volksmund dafür die Bezeichnung Tumor eingebürgert. Es gibt gutartige und bösartige Tumore (Krebs). Bei letzteren lösen sich manchmal Zellen ab und beginnen an einem anderen Platz im Körper Tochtergeschwüre (Metastasen) zu bilden. Bevorzugte Organe sind Lunge, Leber, Bauchraum und Skelettsystem.

In den letzten zehn Jahren ist die gutartige als auch bösartige Tumorhäufigkeit bei Hunden rapide gestiegen. Hauttumore, Gebärmuttertumore, Hodentumore, Knochentumore, Leber-, Milztumore und Mammatumore treten häufig auf. Sind die Tumore klein, kann man sie vollständig im gesunden Gewebe entfernen und gute Langzeitbehandlungserfolge erzielen. Daher bin ich immer wieder fassungslos, wenn Hunde mit faustgroßen Gewächsen in meine Praxis gebracht werden und auf meine Frage, wie lange das Tier dies schon hätte, seelenruhig geantwortet wird: „Seit Monaten. Es ist immer größer geworden."

Schon wenn ein etwa erbsengroßes Gewächs wahrgenommen wird, sollte dies nicht auf die leichte Schulter genommen werden. Bringen Sie den Hund lieber zu früh und einmal überflüssigerweise zur Kontrolle als zu spät. Der kleine Tumor kann problemlos entfernt und zur histologischen Untersuchung geschickt werden. Bei einem großen Gewächs wäre der Hund unter Umständen nur mit einer verstümmelnden Operation zu retten, und damit oft gar nicht mehr.

Wie kann man feststellen, ob der Hund Krebs hat?

äußere Tumore

Um äußere Tumore zu entdecken, genügt erhöhte Aufmerksamkeit gegenüber jeder Veränderung am Hund. Achten Sie bei Gewächsen auf der Haut darauf, wie schnell sie wachsen, ob sie eine unregelmäßige Form aufweisen, eine dunkle Farbe oder eine geschwürige Oberfläche. Schwellen die Brustdrüsen Ihres Hundes an, ist dies genauso ein Alarmzeichen wie Geschwülste am Vorderkopf oder am Hals.

innere Tumore

Innere Tumore können an Hand einiger Symptome vom Laien nur vermutet werden: Frißt und trinkt ein älterer Hund zum Beispiel brav, die Verdauung funktioniert tadellos, trotzdem nimmt er ab, aber sein Bauch wird immer größer, und er wirkt apathisch, kann dies ein wichtiger Hinweis auf einen Tumor (Lebertumor, Milztumor) sein.

Bei Tumorverdacht wird der Tierarzt zusätzlich zu Blutstatus und Organprofil auch die Alkalische Phosphatase bestimmen. Ist sie erhöht, ist dies ein wichtiger Hinweis auf einen tumorösen Vorgang im Organismus. Ein Lungenröntgen oder Ganzkörperröntgen stellt fest, ob und wo Metastasen vorhanden sind. Je nach Allgemeinzustand des Hundes entscheidet der Tierarzt, nach eingehender Besprechung mit dem Besitzer oder der ganzen Familie, über eine konservative und chirurgische oder nur konservative Behandlung und über postoperative Chemotherapie und Bestrahlung. Eine solche Entscheidung ist ein medizinisches und ein großes menschliches Problem.

Ist jeder Tumor operativ entfernbar?

Der heutige Stand der Veterinärmedizin macht vieles technisch möglich, von dessen ethischen Wert man sich jedoch zuallererst überzeugen sollte. Wird einem Tier bei einem Unfall ein Bein total zertrümmert, das Tier ist jedoch lebensfroh, jung und gesund, kann man das unrettbare Bein amputieren. Hunde können auch mit drei Beinen ohne weiteres leben, wenn sie in einer Familie liebevoll integriert sind. Nur scheinbar vor demselben Problem steht man, wenn die Frage auftaucht, ein verkrebstes Bein zu amputieren. Meist ist das Tier schon älter, die Gefahr der Metastasierung ist groß. Vielleicht lebt der Hund nach der schweren Operation und wochenlangen Behandlungen nur mehr sehr kurze Zeit und das unter Qualen. Es gilt also zunächst sehr ernst abzuwägen, ob man dem Hund durch eine Operation, eine Chemotherapie oder sonstige Behandlung noch ein lebenswertes Leben ermöglichen kann. Wenn nicht, sollte sich der Veterinär dazu verpflichtet fühlen, dem Tier einen würdigen Tod zu ermöglichen.

Wie kann man feststellen, ob ein Tumor gutartig oder bösartig ist?

Ein kleiner Tumor kann problemlos total entfernt und dann zur histologischen Untersuchung in ein Speziallabor geschickt werden. Bei einem großen Gewächs beziehungsweise bei Gewächsen an sehr kritischen Stellen in enger Nachbarschaft mit lebenswichtigen Organen zum Beispiel wird nach Röntgenaufnahmen, Ultraschall- und Laboruntersuchungen zunächst eine Biopsie gemacht. Der Veterinär entnimmt dem Tumor eine kleine Gewebsprobe und läßt diese von einem Pathologen untersuchen. Je nach Ergebnis wird der Tierarzt mit dem Hundebesitzer entscheiden, wie er weiter vorgehen wird.

Gewebsprobe

Ist das Problem mit der Entfernung des Tumors gelöst?

Ist der Tumor im gesunden Gewebe entfernt, sollte man trotzdem in drei Monaten, in sechs Monaten und in einem Jahr den Hund untersuchen und röntgenisieren lassen, um das Auftreten von Tochtergeschwülsten (Metastasen) rechtzeitig aufzuspüren. Werden dazwischen geringste Veränderungen bemerkt, muß der Besitzer mit dem Hund sofort kommen.

Wenn der Tumor bösartig war, muß nach der Operation der entsprechende Körperteil des Tieres bestrahlt und eine gezielte Chemotherapie durchgeführt werden.

Lassen sich Tumore vermeiden?

Wie jede Krankheit kann man auch Krebs versuchen zu verhindern. Da man zum Beispiel weiß, daß wiederholte Läufigkeit bei Hündinnen, der keine Trächtigkeit folgt, Eierstockzysten, Eierstocktumore und Gebärmuttertumore zur Folge haben kann, wird man Hündinnen, von denen man keinen Nachwuchs wünscht, rechtzeitig kastrieren. Damit sinkt auch die Wahrscheinlichkeit eines Brustdrüsenkarzinoms.

Aber auch wenn man Tumore schon nicht verhindern kann, sollte man jedenfalls dafür sorgen, daß sie rechtzeitig entdeckt und entfernt werden, bevor Metastasen den Körper rettungslos verseuchen. Regelmäßige Vorsorgeuntersuchungen sind auch hier in jedem Fall das Um und Auf einer verantwortungsbewußten Hundehaltung.

Sachregister

Da der Rechtsinhaber des dem Umschlagentwurf zugrundeliegenden Fotos nicht ermittelt werden konnte, würde der Verlag nach Anmeldung berechtigter Ansprüche diese entsprechend entgelten.